鸭鹅绿色健康养殖新技术

江西科学技术出版社
·南昌·

图书在版编目（CIP）数据

鸭鹅绿色健康养殖新技术 / 管业坤, 夏宗群主编
. -- 南昌 : 江西科学技术出版社, 2023.12
ISBN 978-7-5390-8879-2

Ⅰ. ①鸭… Ⅱ. ①管… ②夏… Ⅲ. ①鸭—饲养管理
②鹅—饲养管理 Ⅳ. ①S83

中国国家版本馆CIP数据核字（2023）第228259号

国际互联网（Internet）地址：
http://www.jxkjcbs.com
选题序号：ZK2023367

YA-E LüSE JIANKANG YANGZHI XINJISHU
鸭鹅绿色健康养殖新技术 主编 **管业坤 夏宗群**

出版发行	江西科学技术出版社
社址	南昌市蓼洲街2号附1号 邮编：330009 电话：（0791）86615241 86623461（传真）
印刷	南昌市红星印刷有限公司
经销	各地新华书店
尺寸	889毫米×1194毫米 1/32
字数	145千字
印张	7
版次	2023年12月第1版
印次	2023年12月第1次印刷
书号	ISBN 978-7-5390-8879-2
定价	36.00元

赣版权登字-03-2023-372

前　　言

水禽养殖是江西省畜牧业的特色产业之一，省委、省政府十分重视水禽产业的发展。近年来，江西在稳定发展生猪产业的基础上，重点发展水禽产业，形成了“沿江环湖”水禽养殖优势产区。江西省现代农业产业技术体系自2016年建立以来，各岗位专家依托技术优势广泛开展水禽绿色健康养殖技术的探索，尤其是鸭鹅养殖技术的探索，在品种选择、饲养方式转变、疫病防控技术、废弃物资源化利用等方面取得了一系列成果，有效推动了江西鸭鹅养殖产业朝着高质量发展方向迈进。编写本书，旨在给鸭鹅生产提供强有力的技术支撑，提升鸭鹅养殖的产业化水平。

全书共分九章，主要包括品种介绍和七大养殖技术以及典型案例等内容。第一章　适合南方养殖的鸭鹅优良品种；第二章　蛋鸭笼养技术；第三章　种鸭戏水池式养殖技术；第四章　肉鸭网床平养技术；第五章　稻鸭共生技术；第六章　鹅四季均衡繁育技术；第七章　鸭鹅新发疫病及防控技术；第八章　鸭养殖废弃物处理技术；第九章　鸭绿色健康养殖技术典型案例。正文之后还附上了五个相关技术规程，以方便读者查阅。

本书突出环鄱阳湖水网地区鸭鹅生产方式的转变，目的在于减轻农业面源污染，提高鸭鹅生产效率为生产优质安全鸭鹅产品提供技术指导。本书不仅可用于指导鸭鹅养殖实践，还可作为鸭鹅养殖技术的培训教材。

编者

2023年9月

目录
CONTENTS

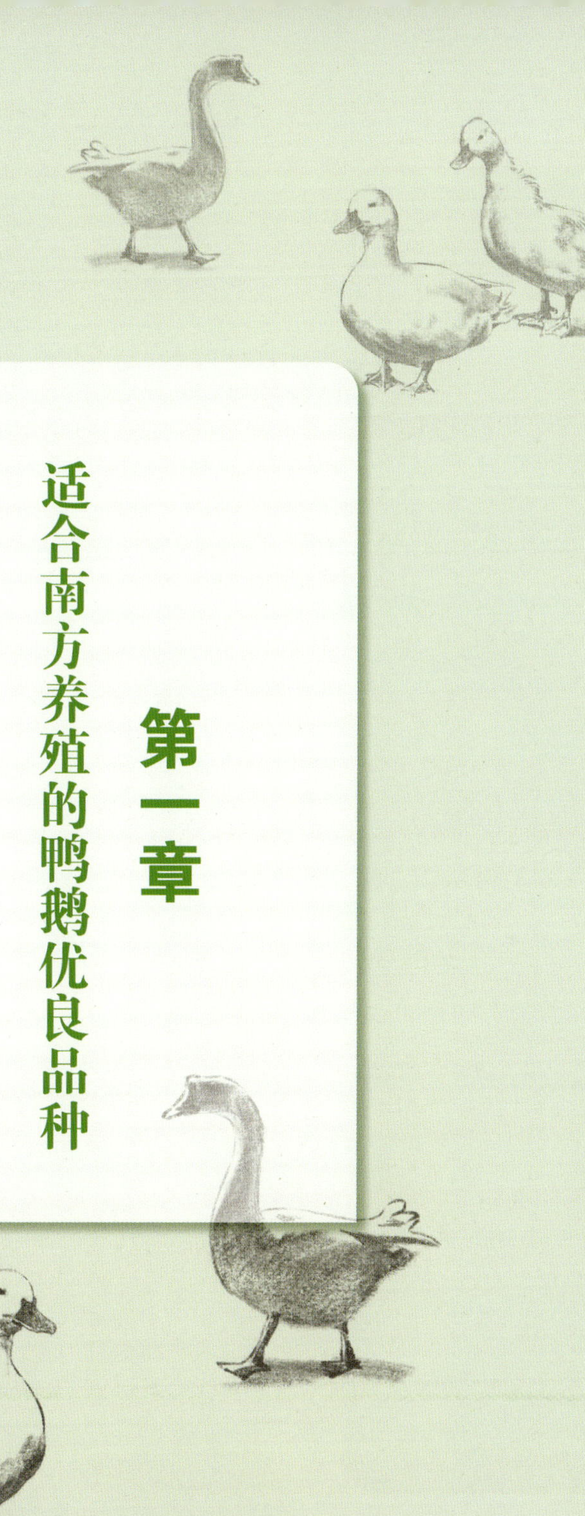

第一章

适合南方养殖的鸭鹅优良品种

第一节　蛋鸭品种

母鸭从开始产蛋直至淘汰，均称产蛋鸭。一般蛋用型母鸭的利用期约 350 d，这段时期称为第一个产蛋年。也有经换羽休整后，再利用第二年、第三年的，但其生产性能逐年下降，一般不宜留用。下面介绍几个适合江西养殖的蛋鸭品种。

一、山麻鸭

山麻鸭（见图 1–1–1），俗称龙岩麻鸭，属鸭科河鸭属，原产于福建省龙岩市龙门镇，是优质的小型蛋用鸭品种。山麻鸭1985 年被列入《福建省家畜家禽品种志和图谱》，1988 年被列入《中国家禽品种志和图谱》，2003 年被列入《中国家禽地方品种资源图谱》。

（a）公鸭　　（b）母鸭

图1–1–1　山麻鸭

（1）外貌特征。山麻鸭具有麻鸭的一般特征。公鸭喙青黄色，嘴豆黑色，虹膜黑色，胫、蹼为橙红色，爪黑色；头及颈上部的羽毛为孔雀绿，有光泽，有一条白颈环（部分公鸭没有）；从前背至腰部羽毛均为灰棕色。母鸭羽色类型较多，据统计，浅麻色的占64%，褐麻色的占22%，杂麻色的占14%。母鸭羽色类型虽多，但它们的喙、嘴豆、胫、蹼及爪的颜色均相同，与公鸭颜色无异。

（2）生产性能。成年公鸭平均体重1.43 kg，体斜长20 cm；成年母鸭平均体重1.55 kg，体斜长21.2 cm。公鸭110日龄性成熟，母鸭100日龄开始产蛋，年产蛋240～280枚，平均蛋重54.4 g（初蛋重44～48 g）。群鸭公母比例多为1：25，其受精率为75.48%，受精蛋出雏率为90.10%。

淘汰的山麻鸭可作为肉鸭出售，屠宰半净膛率为72%，全净膛率为70.30%。

（3）特点。山麻鸭是一个小型蛋用鸭地方品种，适于梯田放牧，善于在崎岖山路行走，十分适应山区自然环境。可终年放牧，觅食能力很强，产蛋量较高。在平原地区饲养，生产性能也表现良好。但个体间差异较大，需在保种的同时，做好选育培优工作。

二、金定鸭

金定鸭属蛋鸭品种，产于福建省漳州市龙海区紫泥镇。该镇有村名金定，养鸭历史有200多年，金定鸭因此得名。金定鸭属麻鸭的一种，又称绿头鸭、华南鸭。见图1-1-2。

（a）公鸭　　（b）母鸭

图1-1-2　金定鸭

（1）外貌特征。公鸭的头颈部羽毛有光泽，背部褐色，胸部红褐色，腹部灰白色；主尾羽黑褐色，性羽黑色并略上翘；喙黄绿色，胫、蹼橘黄色，爪黑色。母鸭全身披赤褐色麻雀羽，分布有大小不等的黑色斑点；背部羽毛从前向后逐渐加深，腹部羽毛较淡，颈部羽毛无斑点，翼羽深褐色，有镜羽；喙青黑色，胫、蹼橘黄色，爪黑色。

（2）生产性能。成年公鸭均重 1.76 kg，母鸭均重 1.78 kg。母鸭 110 ～ 120 日龄开产，年产蛋 280 枚左右，在舍饲条件下年可产蛋 300 枚，平均单枚蛋重 72 g。蛋壳以青色为主，占 95% 以上。公母配比 1：25，受精率 90%，孵化率 85% ～ 92%。育雏成活率 98%，育成成活率 99%，初生重 45.5 g，育雏期 28 日龄体重 0.7 kg。雏鸭期耗料比为 1.9：1，产蛋期料蛋比（从产蛋率 5% 起计）为 3.4：1。

（3）特点。金定鸭具有产蛋多、蛋大、蛋壳青色占比大、觅食力强、饲料转化率高和耐热抗寒等特点。金定鸭的性情活泼，体格强健，行动敏捷，觅食力强，尾脂腺较发达，羽毛防湿性强，适宜在海滩、河流、池塘、稻田及平原放牧，也可舍内饲养。金定鸭与其他品种鸭进行生产性杂交，所获得的商品鸭不仅生命力强、成活率高，而且产蛋多、饲料利用率较高。

三、绍兴鸭

绍兴鸭简称绍鸭，又称绍兴麻鸭，是我国优良的蛋用型小型麻鸭品种。经过长期的提纯复壮、纯系选育，形成了带圈白翼梢系（WH）、红毛绿翼梢系（RE）和白羽系三个品系。目前，绍兴鸭已在全国许多地区饲养。绍兴鸭具有产蛋量高、饲料利用率高、杂交利用效果好和对多种环境适应性强的特点。见图 1–1–3。

（a）公鸭　　（b）母鸭

图1–1–3　绍兴鸭

（1）外貌特征。绍兴鸭体型小巧，体躯狭长，嘴长，颈细，背平直。腹大，腹部丰满、下垂，站立或行走时躯体向前昂展，倾斜呈 45° 角，似琵琶状。①带圈白翼梢系：公鸭羽色多麻栗色，头、颈上部及尾部墨绿色、富有光泽，并有少量

镜羽；喙、胫、蹼呈橘黄色，爪白色。母鸭以麻雀毛色为主，颈中间有长短不一的白色羽毛圈，主翼羽和腹、臀部羽毛白色；虹彩蓝灰色，皮肤浅黄色，喙、胫、蹼橘黄色，爪白色。雏鸭绒毛淡黄色。②红毛绿翼梢系：公鸭喙黄色，略带青色；羽色以麻栗色居多，胸、腹部羽色较浅，头部、颈上部、镜羽、尾羽和性羽均墨绿色、有光泽；虹彩褐色，皮肤淡黄色，胫、蹼橘黄色，爪黑色。母鸭全身以棕红色雀斑羽为主，胸、腹部羽毛棕黄色、有光泽；喙灰黄色，喙豆黑色；虹彩褐色，皮肤淡黄色，胫、蹼橘黄色，爪黑色。雏鸭绒毛暗黄色，有黑头星、黑背线、黑尾巴。③白羽系：公鸭全身羽毛以白色为主，颈中间有长短不一的灰白色羽圈，头部羽毛灰白色；喙、胫、蹼橘红色。母鸭全身羽毛为白色，喙、胫、蹼橘红色。雏鸭绒毛淡黄色。

（2）生产性能。绍兴鸭初生重 36 ～ 40 g，成年体重 1.35 ～ 1.50 kg。135 ～ 145 日龄开产；170 日龄进入产蛋高峰期，产蛋率达 95% 以上，并能持续高产；500 日龄产蛋量 280 ～ 310 枚，高产群体可达 310 枚 / 羽以上，总蛋重达 18 ～ 19 kg。初期单枚蛋重 63 ～ 68 g，300 日龄时单枚蛋重 67 ～ 79 g；产蛋期料蛋比 2.8∶1，产蛋期成活率 95%；公母配比夏秋季 1∶20，早春和冬季 1∶16。淘汰蛋鸭半净膛率为 84.8%。140 ～ 150 日龄群体产蛋率可达 50%。蛋壳白色、青色。公鸭利用年限 1 a，母鸭利用年限 2 a。

四、大余鸭

大余鸭，也称大余麻鸭，体型中等偏大，主产于江西省大余县，同时遍及周围的遂川、崇义、赣县、永新等赣西南各县（区）及广东省南雄市。见图 1–1–4。

（a）公鸭　　（b）母鸭

图1–1–4　大余鸭

（1）外貌特征。大余鸭无白颈圈，喙青色，胫、蹼青黄色。公鸭头、颈、背部羽毛红褐色，少数头部有墨绿色羽毛，翼有墨绿色镜羽。母鸭全身羽毛褐色，有较大的黑色雀斑，群众称“大粒麻”，翼有墨绿色镜羽。

（2）生产性能。大余鸭成年公鸭体重 2.147 kg，成年母鸭重 2.108 kg。屠宰测定：半净膛率公鸭为 84.1%、母鸭为 84.5%；全净膛率公鸭为 74.9%、母鸭为 75.3%。

开产日龄 205 d，年均产蛋 121.5 枚，单枚蛋重 70.1 g，蛋壳白色。公母配种比例 1∶10，种蛋受精率约 83%。

五、吉安红毛鸭

吉安红毛鸭原产于江西省遂川县，是以加工板鸭为主要

用途的肉蛋兼用型品种，如“南安板鸭”和“江西板鸭”的原料鸭就是吉安红毛鸭。该品种具有遗传性能稳定、生产性能良好、耐粗饲、觅食力强、肉嫩、瘦肉率高、羽毛生长与体重增长同步的特点。加工成板鸭后成品造型呈桃形，皮板色泽白亮如玉，肉质香嫩，成品出口率明显高于其他的品种。见图 1–1–5。

（a）公鸭　　（b）母鸭

图1–1–5　吉安红毛鸭

（1）外貌特征。吉安红毛鸭身体短圆，颈粗短，前胸宽，胸肌发达。喙橘红色或棕褐色。虹彩灰黑色。公鸭羽毛灰红色，翅和躯干羽毛褐棕红色，腹下绒毛和尾羽淡白稍带红棕色。母鸭头、颈、背羽毛棕红色或淡棕红色，腹下绒毛和尾羽灰白色，皮肤白色，胫、蹼橘红色。不同性别和不同个体之间的羽色深浅程度有些差异，公鸭颜色比母鸭深，母鸭在开产前颜色深，产蛋末期变浅。有的公鸭、母鸭颈部有一白圈（背羽红色稍淡）。

（2）生产性能。吉安红毛鸭 56 日龄前长速较快，56 日龄后长速放缓。初生重 42 g，30 日龄重 497 g，60 日龄重 900 g，90 日龄重 1221 g，120 日龄重 1399 g；成年公鸭重 1500 g，成年母鸭重 1335 g。120 日龄平均半净膛屠宰率公鸭为 77.30%、母鸭为 78.80%；120 日龄平均全净膛屠宰率公鸭为 70.90%、母鸭为 72.70%。放牧饲养 17 周龄体重为 1.35 ～ 1.55 kg。

母鸭一般在 140 日龄开产，203 日龄左右群体产蛋率可达 50%，504 日龄内产蛋 230 ～ 240 枚，平均单枚蛋重 63.5 g。种鸭公母比为 1 :（20 ～ 25），受精率可达 90%，孵化率 85% 左右。健雏率 98% 左右，雏鸭 28 日龄内的成活率 97%。该鸭适宜在广大农村地区饲养。

六、相关品系

（1）江南 1 号和江南 2 号。由浙江省农业科学院畜牧兽医研究所陈烈先生主持培育的高产蛋鸭配套系，获浙江省科技进步二等奖。这两个配套系的特点是：产蛋率高，产蛋高峰持续时间长，饲料利用率高，成熟较早，生命力强，适合在我国农村地区饲养。

该配套系江南 1 号雏鸭黄褐色，成年鸭羽毛深褐色，全身布满黑色大斑点。江南 2 号雏鸭绒毛颜色比江南 1 号更深，褐色斑点更多；成年鸭全身羽毛浅褐色，并带有较细而明显的斑点。江南 1 号母鸭成熟时体重 1.6 ～ 1.7 kg，210 日龄前后产蛋率达 90% 以上，高峰期可保持 4 ～ 5 个月。500 日龄平均产蛋量 305 ～ 310 枚，总蛋重 21 kg。江南 2 号母鸭成

熟时体重 1.6 ～ 1.7 kg，180 日龄前后产蛋率达 90%。产蛋率达 90% 以上的高峰期可保持 9 个月左右。500 日龄产蛋 325 ～ 330 枚，总蛋重 21.5 ～ 22.0 kg。

（2）青壳Ⅰ号蛋鸭。由浙江省农业科学院畜牧兽医研究所科技人员在江南 2 号的基础上，根据消费者对青壳蛋鸭的特殊需求，引进了莆田黑鸭青壳蛋品系，进行杂交选育而成。它的商品代的主要特点是早熟，蛋较小，全部产青壳蛋，成年鸭羽毛多呈黑色，体重 1.4 ～ 1.5 kg；500 日龄产蛋数 290 ～ 320 枚，产蛋总重 20 ～ 22 kg。适宜在市场有青壳蛋需求的地区推广。

（3）青壳Ⅱ号蛋鸭。由浙江省农业科学院畜牧兽医研究所等单位在绍兴鸭高产系的基础上，应用现代育种最新技术选育而成，是目前国内外综合产蛋性能表现优秀的蛋鸭良种。青壳蛋蛋壳厚度和强度优于白壳蛋，可减少蛋品加工及运输过程中的破损，青壳蛋受到绝大多数地区的消费者欢迎，价格优势明显。青壳Ⅱ号的体型外貌与带圈白翼梢系绍兴鸭相近，但体型略大。青壳Ⅱ号青壳率 92%，产蛋性能优良，500 日龄产蛋 329 枚，总蛋重 22.8 kg，料蛋比 2.62：1，产蛋高峰期长达 250 d，其中 95% 以上的高峰产蛋期维持在 145 d，最高产蛋率偶尔可超过 100%。适应性广，不仅适合于温暖潮湿的南方地区饲养，也适合于北方和西部地区寒冷干燥的气候环境条件下饲养；不仅可以地面平养，也可在干旱地区离地笼养。抗应激能力强，产蛋期成活率99%，培育期成活率达97.5%。公鸭肉用性能好，55日龄体重可达1.2 kg。

（4）青壳Ⅲ号蛋鸭。由浙江省农业科学院畜牧兽医研究所等单位在青壳Ⅱ号的基础上，利用青壳Ⅱ号父系公鸭与缙云麻鸭母鸭配套选育而成。青壳Ⅲ号比青壳Ⅱ号体型小，采食量减少，开产日龄提前15～20 d，适合长江流域及长江以南地区广大蛋鸭养殖农户养殖。

第二节　肉鸭品种

一、北京鸭

北京鸭俗称白鸭、白蒲鸭，原产地在北京西郊玉泉山一带，中心产区为北京市。北京市地形以山地、平原为主，地势西北高、东南低；境内平原海拔20～60 m，山地海拔1000～1500 m；年平均气温11 ℃，最高气温42 ℃，最低气温 -27.4 ℃；年降水量600 mm。属暖温带半湿润大陆性季风气候。农作物主要有小麦、玉米、水稻等。关于北京鸭的起源有两种说法：其一是1472年前后，来自江苏金陵一带的“白色湖鸭”；其二为来自北京东郊的小白眼鸭。见图1-2-1。

图1-2-1　北京鸭

（1）外貌特征。北京鸭体型较大，呈长方形，体态丰满，前部昂起，与地面呈 30°～40° 角。颈粗短，背宽平，两翅紧贴。全身羽毛白色。喙扁平，呈橘黄色；喙豆呈粉色。虹彩呈蓝灰色。皮肤呈白色。胫、蹼呈橘黄色或橘红色。母鸭开产后喙、胫和蹼颜色逐渐变浅，喙上出现黑色斑点。公鸭尾部带有 3～4 根卷起的性羽。母鸭腹部丰满，前躯仰角较大。雏鸭绒毛呈金黄色。

（2）生产性能。Z 型北京鸭是由中国农业科学院北京畜牧兽医研究所培育的北京鸭新品种。商品代 35 日龄肉鸭的体重达 2.92 kg，料肉比为 2.1：1；42 日龄肉鸭的体重达 3.22 kg，料肉比为 2.26：1；42 日龄的胸肉率达 11.0%，腿肉率达 11.2%。父母代种鸭的开产日龄（5% 产蛋率日龄）为 165 d，开产体重 3.10 kg，产蛋率 50% 的日龄为 182～189 d。种鸭 490 日龄的产蛋量约 220 枚。种蛋的受精率 87%～95%。受精蛋的孵化率 85%～92%。种蛋重 85～95 g。

二、樱桃谷鸭

樱桃谷鸭由英国樱桃谷公司引进北京鸭和埃里斯伯里鸭为亲本，经杂交育成。

经配套系选育而成的 X- ⅱ杂交鸭现已远销 60 多个国家和地区，是世界著名的肉用型鸭品种。见图 1–2–2。

图1–2–2　樱桃谷鸭

我国最早引进该品种父母代的是中外合资广东东莞鸭场；1980 年深圳引进美国培育的原种；1993 年四川绵阳市建立祖代鸭场，向全国销售父母代种鸭。

（1）外貌特征。由于含有北京鸭血统，故其外貌酷似北京鸭。全身羽毛洁白，头大额宽，鼻脊较高，喙、胫、蹼均为橙黄色或橘红色。颈粗短，翅膀强健，紧贴躯干。背部宽而长，从肩到尾部稍倾斜，胸部较宽深，肌肉发达，腿粗短。

（2）生产性能。成年公鸭体重 4000 ～ 4500 g，母鸭重 3500 ～ 4000 g。白羽 13 系商品鸭 49 日龄活重 3090 g，全净膛重 2240 g，料肉比为 2.81 ∶ 1。父母代鸭年产蛋 210 ～ 220 枚，年均产雏鸭 168 羽。

樱桃谷公司培育的“樱桃谷超级 M”良种肉鸭，开产日龄 182 d，开产体重 3100 g；在 280 d 产蛋期内，平均每羽母鸭产蛋 220 枚，可提供雏鸭 178 羽，单枚蛋重 80 ～ 85 g；种蛋受精率 88.7%，孵化率 81.5%。

SM 系超级肉鸭商品代饲养 28 日龄平均体重 3300 g，料肉比为（2.6 ～ 2.8）：1，半净膛屠宰率 85.55%，全净膛屠宰率 72.55%，瘦肉率 26.2% ～ 29.5%。是烤鸭的上等原料。

国内广泛利用樱桃谷鸭公鸭与北京鸭、绍兴鸭、中型麻鸭母鸭杂交，获得了良好的配合力与杂交优势。

第三节　鹅品种

一、兴国灰鹅

中国地方优良鹅种，江西省兴国县特产，中国国家地理标志产品。兴国县素有“灰鹅之乡”的美称，养鹅历史悠久，所产鹅品质好，营养丰富。兴国灰鹅具有耐粗饲、生长速度快、抗病力强、个体适中、产肉性能高、肉质鲜美等优良特性，在粤、港、澳、台等地以及东南亚国家享有盛誉。

兴国灰鹅属灰羽肉用型品种，具有性格温驯、体型适中、遗传性能稳定、生产性能良好、耐粗饲、生长速度快、适应性和抗逆性强、肉质鲜美等优良特性。见图 1-3-1。

（a）公鹅　　（b）母鹅

图1-3-1　兴国灰鹅

（1）外貌特征。全身羽毛紧密呈灰色，颈前及腹下部为灰白色，翅羽毛呈波纹状。嘴青、脚黄（青）、皮肤黄白、眼睛彩虹乌黑色。成年公鹅体躯较长、头较大，性成熟后额前肉瘤突起，叫声洪亮。成年母鹅体躯较圆，后腹部较发达，性情温顺，叫声低而清亮。

（2）生产性能。出壳体重 110 ～ 130 g，70 日龄上市体重 3.5 ～ 4.2 kg，商品鹅日增重 50 ～ 60 g；成年公鹅体重 5.5 ～ 6.5 kg，成年母鹅体重 4.5 ～ 5.5 kg。初产母鹅体重 4.5 ～ 5.0 kg，一个产蛋年产蛋 35 ～ 45 枚，平均单枚蛋重 150 ～ 155 g，蛋壳为乳白色。公鹅性成熟期 160 ～ 180 d。母鹅开产日龄 180 ～ 200 d，受精率 85%，受精蛋孵化率 85%，成活率 90%。肉用公、母鹅半净膛率分别为 81.46%、80.98%，全净膛率分别为 69.41%、68.83%。

二、丰城灰鹅

丰城灰鹅以原产地丰城市而得名，是丰城市的地方畜禽

遗传资源，属中型肉用鹅种。丰城灰鹅以其肉质味道鲜美而著称，无论是红烧、清蒸，还是汤制，都是不错的选择。丰城灰鹅主产于江西省丰城市和南昌县，中心产区在赣江、清丰山溪的两岸和赣抚平原的大片水网地带，广泛分布于樟树、黎川、进贤、新建、安义、高安等县（市、区）。见图1–3–2。

（a）公鹅　　（b）母鹅

图1–3–2　丰城灰鹅

（1）外貌特征。体型中等，头部半椭圆形，前额有一较大的半圆形肉瘤。公鹅肉瘤高大而向前突，黑色或橘黄色；母鹅肉瘤扁平。头颈高昂。眼大有神。耳孔浅黄色，眼睑淡黄色，眼球银灰色或酱黄色。颈似弓形，公鹅较粗、较长，母鹅较短。颈背正中央自头部至尾部有一条宽 2 ～ 3 厘米的灰褐色鬃毛条纹带，背、腰、尾、翅膀羽毛灰色，颈腹面、两侧及腹部羽毛灰白色。胸部深、宽且丰满，腹部宽大而扁平，尾部狭窄、尖长。皮肤白色。胫粗且长。胫、蹼橘黄色。

（2）生产性能。在以放牧为主的饲养条件下，30 日龄公鹅体重 1000 g、母鹅体重 750 g；60 日龄公鹅体重 2125 g、母鹅体重 1625 g；90 日龄公鹅体重 3750 g、母鹅体重 3250 g；成年公鹅体重 4280 g、母鹅体重 3500 g。成年鹅平均半净膛屠宰率 79.50%，平均全净膛屠宰率 68.80%。成年鹅宰杀时每羽平均可收集羽绒 300 g，其中绒毛 30 g。种鹅在 5—9 月休产期可活拔羽绒 3 ～ 4 次，每次平均 30 g；后备种鹅 5—9 月可活拔羽绒 3 ～ 4 次，每次平均 30 g。

三、广丰白翎鹅

广丰白翎鹅又称白银鹅，主产于江西省上饶市广丰区的中部和西南部，现分布在玉山、广信、铅山、横峰、弋阳等县区，是上饶市的地方畜禽遗传资源。目前，广丰白翎鹅以纯繁为主，将后代作为肉用仔鹅饲养，运往广东、福建、上海等地销售。近年来加工成烤鹅、酱鹅、分割鹅肉上市，受到了市场的青睐，有进一步推广加工的趋势。见图 1–3–3。

（a）公鹅　　（b）母鹅

图1–3–3　广丰白翎鹅

（1）外貌特征。体型中等，紧凑匀称。全身羽毛洁白、纯净、有光泽。头大颈长，喙宽而扁平，橘红色。眼大有

神，虹彩灰蓝色。颌下无咽袋。胸部丰满。头部前额有一橘黄色肉瘤，公鹅肉瘤圆而大，母鹅肉瘤不明显。母鹅后躯腹部较大。皮肤淡黄色。胫、蹼橘黄色。

（2）生产性能。成年公鹅体重4240 g、母鹅体重3700 g。成年公鹅平均半净膛屠宰率82.63%、母鹅80.12%；成年公鹅平均全净膛屠宰率76.55%、母鹅69.18%。成年鹅宰杀时每羽平均可收集羽绒200 g，其中绒毛25 g。种鹅在5—9月休产期可以活拔羽绒3～4次，每次平均30 g；后备种鹅5—9月可以活拔羽绒3～4次，每次平均30 g。

四、莲花白鹅

莲花白鹅原产地和中心产区均在江西省莲花县，主要分布于莲花县及相邻的永新、安福、井冈山、湘东、芦溪等县（市、区）和湖南省的茶陵、攸县等地。见图1–3–4。

（a）公鹅　　（b）母鹅

图1–3–4　莲花白鹅

（1）外貌特征。莲花白鹅体躯宽，呈椭圆形。全身羽毛白色。喙呈橘黄色，喙后基部正上方有一半球形橘黄色肉瘤。皮肤呈淡黄色，胫、蹼呈橘黄色。

公鹅颈长，头大，体躯长，肉瘤较大，腹下平整或有一条沟。母鹅颈短、稍粗，体躯较短而宽，肉瘤较小、稍隆起，腹部下坠，无腹褶。

（2）生产性能。初生公鹅体重 101 g、母鹅体重 99 g。成年公鹅体重 4.5 ～ 5.5 kg、母鹅体重 3.5 ～ 4.5 kg。

屠宰半净膛率公鹅 84.86%、母鹅 84.01%；全净膛率公鹅 78.93%、母鹅 76.48%。开产日龄 180 ～ 210 d，年产蛋 24 ～ 35 枚，平均单枚蛋重 138 g，蛋壳乳白色。公、母鹅配种比例为 1 ：（5 ～ 6），种蛋受精率在 90% 左右。

第二章

蛋鸭笼养技术

第一节　概述

一、蛋鸭笼养技术的发展阶段

我国蛋鸭笼养大致经历了三个阶段，即：起源探索阶段、研究发展阶段、成熟完善阶段。

1. 起源探索阶段

国内蛋鸭笼养起源探索阶段大致是在 1986—1996 年。最早实践的是夏淑文等于 1986—1989 年开展蛋鸭笼养效益研究，选用咔叽康贝尔鸭 × 四川麻鸭 187 羽，采用竹制鸭笼离地饲养试验，鸭笼及支架全部采用竹片、竹竿，鸭笼高 60 cm、宽 70 cm、长 165 cm，离地 40 ～ 50 cm；溜蛋槽用谷草连接，每平方米饲养 12 羽鸭，笼里饲养 243 d，生产效益高于放牧模式。梁巍等于 1993—1994 年选用 241 羽金定鸭重复了蛋鸭竹笼笼养试验，8 个月盈利为 14.32 元 / 羽。

2. 研究发展阶段

蛋鸭笼养的研究发展阶段大致是在 1997—2013 年。赵丽军于 1997—1998 年在东北开展了蛋鸭笼养试验，选用 1000 羽金定鸭，采用分阶段饲养，即火炕平面育雏、育成笼育成、产蛋期笼养，并辅以光照控制。鸭群全年产蛋，盈利为 30 元 / 羽。薛敏开于 2001—2003 年在江苏高邮、东北海城两地同时开展了“苏邮 2 号”高产蛋鸭笼养试验，采用分阶段饲养管理技术以及特别设计的食槽、水槽、溜蛋槽设备，蛋鸭每天定时饮水、采食，上笼前预防应激，取得了较好的生产成绩。陈奕春等于 2005—2006 年开展了蛋鸭笼养与平养的对比试验，认为笼养蛋鸭的优势在于提高土地使用率和劳动效率、控制疾病发生、及时淘汰生产性能低下个体、蛋品洁净易保存、节省垫料等多个方面。梁振华等于 2011—2013 年分别在武汉和荆州两地开展蛋鸭笼养试验，选用镀锌喷塑铁丝网，采用三层阶梯式单笼饲养。试验证明，在内环境可控的鸭舍配备专门设计的蛋鸭饲养笼，蛋鸭笼养效益良好，饲养 500 d 整体经济效益高出地面平养 13.10 元 / 羽。肖丽兰等同期进行了蛋鸭笼养、蛋鸭发酵床养殖和蛋鸭地面平养三种养殖模式的对比试验，笼养组采用三层阶梯式笼养，每笼 2 羽鸭，110 日龄上笼，饲喂全价饲料，并在饮水中添加益生菌改善肠道菌群。结果表明，三种养殖模式蛋鸭产蛋量差异不显著，但从整体经济效益对比来看，蛋鸭笼养组利润远高于其他两种养殖模式，与梁振华等研究结果相近。田世勋等，吴国权等，李睿等，陈鑫等于 2002—2008 对笼养金定鸭日粮的粗蛋白质、蛋氨酸、维生素 E、硒等部分营养成分开展了较为细致深入的研究。龚绍明等进行的代谢能与粗蛋白质水平对笼养蛋鸭产蛋性能影响的试验结果表明，笼养蛋鸭饲料粗蛋白水平要维持在 18.5% 以上，能量水平以 11.30 MJ/kg 为宜。林哲敏等于 2011 年开展的笼养蛋鸭产蛋期适宜日粮粗蛋白水平研究结果表明，海南地区以 17% 的粗蛋白水平笼养蛋鸭，产蛋率最高。王爽等研究核黄素对笼养蛋鸭产蛋性能及蛋品质的影响，结果表明，核黄素水平为 6 mg/kg 时，笼养山麻鸭可以获得较好的产蛋性能及蛋品质。2011—2013 年，吴志勇主持的“蛋鸭（山麻鸭）笼养技术研究与示范”项目顺利通过了江西省科技厅组织的专家鉴定，成果达国内同类研究先进水平。该项目通过研究笼养蛋鸭（山麻鸭）的日粮蛋白水平、日粮加水饲喂方式、单笼饲养量，以及上笼日龄对笼养山麻鸭产蛋性能、粪污排放等各项指标的影响，得出了笼养蛋鸭（山麻鸭）75 ～ 80 日龄上笼最佳、用水量可减少 80.01% ～ 90.78%、污水排放量减少 87.93% ～ 91.42% 的科学结论，提出了笼养山麻鸭适宜的日粮蛋白质水平、单笼饲养量等数据。该项目与企业合作建立示范基地，采用半封闭式鸭舍，三层阶梯式笼养，同时配备了刮粪机、自动喂料机、自动集蛋机、光照控制系统，以及风机水帘等设备，每栋栏舍可饲养蛋鸭 7000 ～ 10000 羽，实现了蛋鸭笼养的标准化规模养殖。这标志着我国蛋鸭笼养技术基本成熟。

3. 成熟完善阶段

蛋鸭笼养技术基本成熟以后，各地陆续有企业尝试发展蛋鸭笼养，并在生产实践中不断完善。蛋鸭笼养技术研究与应用主要集中在江西、浙江、湖北、福建、江苏、广东，以及黑龙江等地，这与我国蛋鸭主要养殖区域相对应。在蛋鸭笼养技术的生产示范方面，江西、浙江、湖北、江苏等四省走在全国前列，四省企业均是采用专门设计的蛋鸭笼具，配备相应的料槽、水线及鸭舍通风系统、降温系统、自动喂料系统、自动清粪系统。江西省于2014年实施了“蛋鸭（山麻鸭）笼养技术集成与示范”研究，集成了栏舍建筑、笼具设计、养殖环境控制、蛋品加工、人工授精，以及废弃物资源化利用等技术。项目实施期间，累计推广笼养蛋鸭18.2万羽，培植省级龙头企业1个，年加工蛋品600 t，年推广鸭苗895万羽；养殖设施实现现代化，提升了南方水网地区水禽养殖设施化水平，建成省部级农业科技示范基地1个。据统计，3 a累计总产值达4849万元，经济效益1213万元，新增效益1100万元，节约饲料1820 t，节约用水23.6万t，粪污减排20万t，极大地缓解了养鸭对环境污染的影响，社会效益、生态效益明显提高。江西天韵农业股份开发有限公司于2013年开始尝试蛋鸭笼养技术，历经3次革新，从3层阶梯式笼具发展到现在的五层层叠式笼养，每栋可饲养20000羽蛋鸭，栏舍不仅配备相应的料槽、水线、鸭舍通风系统、降温系统、自动喂料系统、自动清粪系统，还配备了自动集蛋系统、自动环境控制系统，以及粪污异位发酵床处理设施，使蛋鸭笼养技术进入一个新阶段。当前，各地蛋鸭笼养技术仍在不断完善。

二、蛋鸭笼养的优点及不足

1. 蛋鸭笼养的优点

蛋鸭笼养模式与传统养殖模式相比具有四大优点：

（1）节约土地资源、生产成本等，提高蛋鸭养殖的生产效率及蛋品洁净程度。不管是采用阶梯式还是层叠式笼养，都能极大地提高单位面积的鸭只饲养量，从而提高土地利用率，按建筑面积计算，可由平养模式的 7 ～ 8 羽 $/m^2$ 提高到笼养模式的 14 ～ 18 羽 $/m^2$；饲养员劳动效率大幅提高，人均饲养量达到 6000 ～ 8000 羽，相比平养模式可提高一倍以上；饲料转化率提高，笼养山麻鸭高峰期日采食量可降至 150 g/ 羽，料蛋比低至 2.8 ∶ 1；由于笼养模式鸭、粪分离，可大大减少鸭与粪便中病原微生物的接触，鸭蛋产出后直接落到集蛋槽中，减少蛋的破损，所生产的鸭蛋洁净易保存，保鲜时间长，利于皮蛋、鲜蛋等深加工，市场竞争力强。

（2）笼养蛋鸭的疫病防控能力大幅提升，有效降低了蛋鸭的发病率。封闭式的饲养条件与严格的饲养规程能明显杜绝外来病原体的侵入，有效降低了生产周期内与外界病原微生物的接触机会，且易于管理。在饲养过程中，可及时发现病鸭及生产性能低下的个体，并对其进行隔离和有效治疗或淘汰，减少疫病传播，大幅提升了疫病的防控能力。

（3）蛋鸭笼养可实现安全高效生产、健康生态养殖。蛋鸭笼养模式相比于地面平养，用水量及污水排放量均大幅减少，而且粪污易于收集和进行集中处理，便于粪污的资源化利用，极大地减少了养鸭对环境的污染。

（4）环境相对稳定。蛋鸭笼养的舍内环境可控，并保持相对稳定，受外界环境变化影响小，舍内温度可控制在12 ～ 30 ℃（冬季 12 ℃以上，夏季 30 ℃以下），使蛋鸭基本处于产蛋的最适环境条件下，产蛋性能稳定，解决了寒冷地区冬季蛋鸭产蛋性能不高的难题。

2. 蛋鸭笼养的缺点

蛋鸭笼养的缺点主要是：建设成本相对较高，前期成本投入大，占用资金多，回收期长，存在不确定风险因素；不适宜小规模饲养；饲养管理水平要求较高，易引发应激，影响产蛋；水电等须确保稳定，否则容易造成生产蛋鸭的大量死亡；专门化蛋鸭品系培育进展缓慢；淘汰鸭毛色差，卖相不好。

三、我国蛋鸭笼养的前景展望

蛋鸭笼养技术已相对成熟，专门化笼具设计、自动喂料机械、自动集蛋设备、自动清粪系统，以及自动环境控制系统等在逐步完善并投入使用，相关的技术难题终将被陆续攻克，我国蛋鸭产业标准化规模养殖比例将会逐年提高，并最终占据主导地位。

随着蛋鸭笼养信息化技术的发展，养殖区域的环境监测、智能化控制程度逐渐提高，产品安全的追溯机制持续完善，交流合作更为频繁，同时更加快速科学的疫病监控、诊断治疗、疫病净化的防控体系将被建立。蛋鸭产业正由资源优势主导向技术、资本优势转变，规模化程度将不断提高，产业集中度和养殖技术稳步提升，行业标准与经营模式日趋完善，产品深加工与研发升级带来的经济效益、品牌效益日益显著。

第二节　设施设备

蛋鸭笼养要求设施化水平较高，以便于对蛋鸭的集约化饲养。栏舍结构可选用封闭式或半封闭式砖混或钢架结构，屋顶加盖保温隔热层，天花板做防水处理，地面平整并用水泥硬化。舍内安装蛋鸭专用笼具，笼具材料应光滑，底网应有弹性、耐腐蚀，笼具后下方设置承粪板。另外，还需安装自动喂料、乳头式自动饮水、自动捡蛋、自动清粪、水帘风机、自动喷雾、自动光照控制等设施设备，以适应笼养蛋鸭的高产需要。

一、栏舍

1. 基本要求

栏舍建设要因地制宜，统一规划，合理布局，做到整齐、紧凑、土地利用率高、投资较少、经济实用、有利于防疫消毒和生产管理。

（1）建筑位置合理。鸭舍要建在地势较高、地面干燥、易于排水的地方。如果自然条件不能满足，应垫高地基和在鸭舍四周挖排水沟，要求周围安静，避开主要交通要道。

（2）有利于清洁卫生。鸭舍地面以保持地面干燥为原则，要做水泥防潮处理，鸭舍内外地面高度差以 30 cm 左右为宜，舍内呈一定坡度，以便于消毒和向舍外清粪排污。

（3）隔热通风良好。鸭舍要求配套隔热、保温设施，能防寒保暖且通风良好。特别是夏季温度较高时除机械通风外，还能够通过调节鸭舍的门窗进行适量通风换气；冬季温度较低时具有良好的保温性能，保持鸭舍空气新鲜和环境条件相对稳定。

（4）生物安全性好。鸭舍和饲料间的门窗要安装铁丝网，以防鸟类、鼠类和野生动物进入鸭舍、饲料间侵害鸭只和糟蹋饲料。

2. 栏舍布置

（1）栏舍朝向。鸭舍的朝向与采光、保温和通风等环境效果有关。因此，选择栏舍朝向应根据当地的地理位置、气候条件等来确定。适宜的朝向应满足鸭舍的光照、温度和通风等要求。为保证鸭舍冬季获得较多的太阳辐射热，防止夏季太阳过分照射，鸭舍采用坐北朝南或南偏东 15° 左右、东西走向较为合适。

（2）栏舍排列。根据不同阶段，笼养鸭舍应按育雏舍、育成舍、产蛋舍的空间顺序排列，舍间保持长轴方向平行，间距合理，以满足鸭舍的光照、通风和防疫的要求。若距离过小，就会加大舍间的干扰，对鸭舍采光、通风、防疫等不利。

3. 栏舍基本结构

（1）地基。要求坚实牢固，尽量利用天然地基以降低建造成本。地基设计应遵守《建筑地基基础设计规范》（GB 50007—2011），采用砖混结构的封闭式或半封闭式栏舍，用石块或砖块砌墙基并高出地面，墙基在地下的部分深80～100 cm，墙基与外围接触面之间做防水处理。采用轻钢或镀锌管结构的栏舍，支撑钢梁的基座应用钢筋混凝土灌注，深度根据栏舍跨度和屋顶质量确定，最少不低于1 m，非承重墙基地下部分深50 cm。

（2）墙壁与门窗。笼养鸭舍要求有良好的通风换气和采光性能，推荐封闭式笼养产蛋舍窗户面积与舍内面积之比为1∶（10～12）。半开放式栏舍南面设半墙，北面封闭留窗，或南北均设置半墙，墙高1.1～1.4 m，冬季可用帆布、卷帘等封闭北墙。窗户高1.0～1.5 m、宽1.5～2.0 m，窗台下缘距地面1.1～1.4 m。

①墙壁。要求坚固耐用，厚度可根据保温需求确定。如属砖混结构，一般要求墙壁厚24 cm，地上部分1.0～1.5 m粉刷水泥墙裙，以利清洗、消毒。墙壁材料要求导热系数小、防火、防水、防腐蚀、抗老化性能好，内容填充物不易脱落。

②门窗。笼养鸭舍可在一端或两端设置大门，两侧设置

侧门，使用向外开的门或推拉门。门的宽度和高度没有固定要求，应根据饲料车、装蛋车的类型来确定。大门一般宽度4～5 m、高度3.5～4.0 m。侧门仅供工作人员出入，宽度1.5 m、高度2 m。

（3）屋顶。与其他栏舍建筑一样，笼养蛋鸭舍的屋顶可以采用单坡式、双坡式、不对称式等多种形式。一般采用双坡式屋顶，这种形式的屋顶适用于较大跨度的栏舍，可用于各种规模养殖场。为方便自动喂料机等机械化设备操作，推荐栏舍屋顶上缘距地面高4.5～5.5 m，屋顶下缘距地面高3.0～3.5 m。对于多列式鸭舍，应在双列式鸭舍的基础上再适当提高。屋顶建筑材料应因地制宜，采用当地常用的民用建筑材料，厚度根据保温需要确定。使用轻钢结构的还应遵守《钢结构设计规范》（GB 50017—2017），最好使用双层彩钢板，中间填充5～10 cm厚的保温隔热层。一般屋面的活荷载应达到50 kg/m^2。

（4）集粪槽。笼养蛋鸭舍一般在鸭笼最底层下面设收集粪污的集粪槽，采用机械自动清粪，集粪槽下缘一般低于过道地面20～30 cm，沟宽200 cm，倾斜度1%。集粪槽出粪口一端装格栅，栏舍外设粪污暂存池，舍内粪尿通过机械定期清理并经格栅除杂后排到舍外粪污暂存池。粪污暂存池体积由粪污处理方式确定，但不管是吸粪车定期清除还是通过机械抽送到专门的集粪池，粪污暂存池至少要能贮存5～7 d的集污量，且要求防渗、防雨。见图2-2-1。

图2-2-1　粪污暂存池

二、笼具

1.鸭笼选型原则

由于蛋鸭笼具设备目前未制订相关的国家标准，市场上蛋鸭笼养设备形式多样，但不管哪种形式，在实践中，笼具选型应遵循以下原则。

（1）材质轻，质量好，无毒无味，抗外力强，不易变形，经久耐用。

（2）产品或材料成本低、使用期长。

（3）易拆卸安装和清洗消毒，耐腐蚀性强。

（4）笼具外观光滑整洁，不易造成蛋鸭外伤；空间尺寸合理，利用率高，既不浪费空间又不拥挤。

（5）笼具底板倾斜度、底网孔径和外栅密度合理，栖息舒适，无伤脚等现象；产下的鸭蛋能及时滑出，破损率低，清洁度高，污染少；排粪方便，对其他鸭无影响。

2. 推荐笼具

（1）材质。热镀锌。

（2）笼具。

①育雏笼。长 × 宽 × 高为 70 cm × 70 cm × 40 cm，底网孔径为 2 cm × 2 cm，底笼距地 40 cm。

②育成鸭笼。两列三走道或四列五走道排布，最底层笼底支架下端离地高度 10 ～ 12 cm、上端离地高度 130 cm，鸭笼长 × 宽 × 高为 60 cm × 50 cm × 38 cm，底网孔径为 2.5 cm × 9 cm；料槽呈倒直角梯形状，高度为 8 cm，上口宽 15 cm，下底宽 9 cm，斜面长 10 cm。饮水器安装在笼顶前端位置。

③产蛋鸭笼。阶梯式笼具单笼规格以 40 cm × 40 cm × 40 cm 为宜，纵向排列，一般为 2 ～ 4 列、3 ～ 4 层；层叠式笼具单笼规格以 40 cm × 40 cm × 45 cm 为宜，纵向排列，一般为 3 ～ 4 列、4 ～ 5 层。底网孔径为 2.5 cm × 9.0 cm，每 4 笼为 1 组。集蛋槽宽度 10 ～ 15 cm，安装自动捡蛋系统。见图 2–2–2、图 2–2–3、图 2–2–4。

图2-2-2　料槽

图2-2-3　鸭蛋自动检装终端

图2-2-4　禽蛋收集系统

产蛋鸭料槽呈倒直角梯形状，高度为 8 cm，上口宽 15 cm，下底宽 9 cm，斜面长 10 cm。饮水器以专用乳头式饮水器为佳，一般安装在笼顶前端位置，每个笼位安装 1 ～ 2 个。见图 2-2-5、图 2-2-6。

图2-2-5　笼具安装现场

图2-2-6　自动饮水和蛋品传送配套实景

三、光照设施

鸭舍过道中间和两侧墙上安装 7 ～ 9 W 节能灯，灯泡间距 300 cm，交错分布；舍内安装光照探头，光照时间及光照强度由自动光照控制系统控制。

四、通风降温设施

根据南方夏季高温高湿时间长的特点，要求栏舍内必须安装降温设施，夏季通风降温设施一般以风机加湿帘的纵向负压通风方式为多见，还有空调、冷风机等。风机的功率大小、湿帘的面积应根据栏舍的面积来计算确定，按要求配套，确保通风降温效果。见图 2–2–7、图 2–2–8。

图2-2-7　鸭舍降温湿帘

图2-2-8　鸭舍降温风机

五、保温设施

在南方地区，笼养蛋鸭的保温重点在育雏、育成阶段。育雏舍的加热保温，火炉、火炕、火墙、电热育雏伞、红外线灯泡等均可选用，也可用自动燃气热风炉，每列笼架最底层设置 2 条直径 200 mm 的热风管，中间道路上方设一条直径 350 mm 的热风管，通过供风管把热风均匀地送到整个舍内。但用火炉加热要注意排气，防止煤气中毒。同时，要注意卷帘等防风设施的维护。

六、供水供电

配备发电机，采用乳头式饮水器，供水系统前端配备过滤器、加药器和水表，每笼顶端安装 1 ～ 2 个饮水乳头。

七、消毒设施

鸭场的消毒一般分三级消毒方式。

1. 场区门口消毒

一般在场区大门内侧建车辆消毒池和消毒间，并配备电动喷雾器。原则上消毒池应坚固、地面平整、耐酸碱、不渗漏，上面设防雨棚，长度不少于进出车辆最大轮胎的周长；在消毒池边应设排水槽，槽面铺钢栅，以防雨水进入消毒池。消毒间以过道式消毒间为多，常配置自动喷雾设施，一般宽为 100 cm，长度可根据场区进出的人员及建筑实际长度而定。

2. 生产区入口消毒

不管是工作人员，还是外来参观人员，进入生产区都应严格执行消毒制度，这是保障健康生产、防止人为带疫的重要环节。消毒方式要求方便、高效，包括喷雾、淋浴、消毒池消毒等。如采用淋浴方式消毒，要求更衣室、淋浴室墙壁光滑，地面及墙面做防水处理，更衣室设置座椅、壁橱或挂钩；如用消毒池消毒，要求池长 200 cm 以上、宽 100 cm 左右、池液深 3 cm 以上，消毒液应定期更换。

3. 栏舍消毒

按照预防为主的原则，鸭舍内应配置消毒设施，定期进行消毒。消毒一般采用高压喷雾为主，消毒液要求高效、低毒、无残留，以生物消毒液为主。对全进全出的蛋鸭舍，进鸭前、出鸭后都应严格进行一次彻底的消毒，不留死角。

八、其他设施

设有独立的药品贮备室且有必要的药品、疫苗贮藏设备。设有贮料库或储料塔和专用蛋库。鸭舍具备良好的排水、防鼠、防虫及防鸟设施。

第三节　技术要点

一、日常管理

1. 上笼前后

（1）清洗消毒。上笼前 2 周对鸭舍进行彻底清洗，干燥后检查设备及笼具是否完好，然后用福尔马林密闭熏蒸 24 h。最后打开风机通风。

（2）调教饮水。从雏鸭开始即可采用乳头式饮水器，使其熟悉水源。如青年鸭阶段未采用乳头式饮水，上笼前一个月需将饮水系统改为乳头式自动饮水系统，并将乳头式自动饮水系统调至滴水状态，使鸭子熟悉水源，以利于鸭子找到水源，要保证 90% 以上的鸭子在上笼前学会到乳头上饮水。

（3）上笼管理。70 ～ 85 日龄的青年鸭即可上笼饲养。每笼放 2 ～ 3 羽鸭子。上笼时选择晴好天气，要白天上笼。刚上笼时鸭会很不安宁，会惊群。此时要保持环境安静，减少其他人员出入，及时将逃逸的鸭子归位。

2. 科学饲喂

（1）营养水平。笼养后因鸭子失去了自主觅食的机会，所以要特别注意饲粮的营养全面与均衡，微量元素与维生素的添加量要比地面圈养方式提高 20% ～ 30%，以提高蛋鸭机体的健康水平，确保高产需要。由于蛋鸭的营养标准尚未形成，生产中可根据不同品种蛋鸭的产蛋性能及品种特点配制全价料，笼养蛋鸭日粮可参照表 2–3–1 进行配制。

表 2–3–1　小型蛋鸭产蛋期部分营养需要推荐

产蛋率 / %	代谢能 / （$MJ \cdot kg^{-1}$）	粗蛋白含量 /%	蛋氨酸含量 /%	钙含量 /%	总磷含量 /%
＜ 5	10.92	16	0.30	1.1	0.7
5 ～ 50	11.34	17	0.34	2.8	0.8
＞ 50	11.55	18	0.36	3.2	0.9

（2）日粮调制。料型以全价配合颗粒料或粉料为宜。粉料宜采用湿料饲喂，水料比例按 1 ∶ 1 较为合适。饲料原料须保证新鲜与卫生，避免使用霉变原料。产蛋期应保证饲料原料的稳定，不宜经常更换原料种类及来源。更换饲料要有 7 ～ 10 d 的过渡期。

（3）投料方式。使用自动喂料系统每天定时投料，投料次数以 2 ～ 3 次 /d 为宜。一般蛋鸭上笼后有 2 周左右的适应期，上笼后首次投料，须先在食槽中放水，让鸭子自由饮水约 0.5 h 后，将水放掉，再放入饲料，并减少上笼前三分之一的喂料量，第 2 周开始缓慢恢复至上笼前喂料量。如用粉料，须先用水将料拌湿（水分含量 25% ～ 30%）后，再均匀地铺在料槽中。开始几天，每天少量多餐，等正常后每天的投料次数可固定为早、中、晚 3 次。

（4）采食量。投料量可根据鸭群采食情况、产蛋率等情况而定，一般每羽鸭子每天采食量约 150 g，随气温变化投料量也应进行调整，冬天气温每下降 1 ℃，增加投料 2 g。每 3 ～ 4 周抽样称重，与上次称重比较，若没有变化，产蛋量也没有波动，说明目前饲料营养与投料量是合理的。

（5）体重控制。上笼后，根据鸭子的体重将全群鸭进行大致上的分组，体重偏小组的投料量适当增加，这样可以改善整个鸭群的均匀度，使其开产均匀，并缩短到达产蛋高峰的时间间隔。

3. 环境控制

（1）光照。开始以自然光照为主，夜间在鸭舍内留弱光，使鸭群处于安静状态。产蛋期，早、晚要进行人工补光。光照以每 20 m^2 鸭舍配备一只 25 W 的白炽灯为宜，调整灯泡的高度，尽量使舍内采光均匀，底层笼的光照强度以不低于 10 lx 为宜。补光以每周 15 min 的方式渐进增加，直到延长到每天光照 16 ～ 17 h 为止。

（2）温、湿度。鸭虽是水禽，但过高的湿度并不利于鸭的生产，尤其是高温高湿及低温高湿环境下极易引发应激。高温高湿利于舍内微生物滋生繁殖，容易引发疾病，而低温高湿容易使家禽失热过多而受寒。如果舍内温度骤降，还会造成水汽凝结，使鸭体羽毛、饲料等潮湿，不利于产蛋。据报道，家禽产蛋的最佳温度为 15 ～ 20 ℃，适宜的相对湿度为 60% ～ 70%。夏季炎热时须开启通风与水帘降温设备降低鸭舍内温度，使鸭舍温度不高于 31 ℃。冬季注意鸭舍保温，一般无须额外供暖，这是因为笼养蛋鸭的饲养密度较大，只要屋顶及墙壁保温隔热性能良好，就能维持住鸭体散发的热量不散出舍外，也就能满足产蛋鸭的温度需要。同时要避免冷风直接吹入，并减少换气量，以鸭舍空气不过于浑浊为原则。如要换气，应选择在中午进行。

（3）通风。通风的目的主要是调节鸭舍温度，降低相对湿度，降低鸭舍空气中的氨气、硫化氢、二氧化碳等有害气体的浓度，降低和减少粉尘和微生物的浓度和数量，使鸭舍空气保持清新。鸭舍有害气体的浓度上限为氨气浓度小于 25×10^{-6}、硫化氢浓度小于 6.6×10^{-6}、二氧化碳浓度小于 0.15%。经测定，正常生产的蛋鸭笼养舍，一天清粪两次，当气流速度 0.2 ～ 0.5 m/s 时，一般舍内氨气浓度不会超过 6×10^{-6}，硫化氢浓度几乎检不出，只在清粪后几分钟内可局部检出。因此，只要在清粪时适当加大通风量即可消除鸭舍内硫化氢气体的不利影响。

4. 定时集蛋

笼养蛋鸭舍内宜安装自动集蛋机。自动集蛋机不仅可提高集蛋效率，节省人力成本，还可有效避免集蛋人员对鸭群产生惊扰，有利于蛋鸭的稳产。如采用人工捡蛋，则应固定捡蛋人员，避免陌生人进入鸭舍。捡蛋时间应固定不变，一般在早上 7 点前完成集蛋工作。鸭子的产蛋时间多集中于夜间，所以早晨首要的工作是集蛋，白天也须定时将零星蛋加以收集，尽量减少破蛋的发生。鸭蛋收集完毕经消毒后存放于蛋库中，不宜长时间存放于鸭舍。

5. 卫生防疫

一般在产蛋高峰期应避免免疫接种，所有免疫接种都要在上笼前完成，具体参照表 2–3–2。为保持鸭舍卫生，每天要清理鸭粪 1 ～ 2 次。

表 2–3–2　推荐免疫程序

日龄 /d	疫苗	剂量	免疫途径
1	病毒性肝炎疫苗	1 ～ 2 羽份	皮下
10 ～ 14	禽流感（H5+H7）	0.3 mL	皮下
20	鸭瘟	1 羽份	皮下或肌内
35 ～ 40	禽流感（H5+H7）	0.5 ～ 0.7 mL	皮下
	鸭黄病毒	0.5 mL	皮下或肌内
60 ～ 70	鸭瘟	1 ～ 2 羽份	肌内
开产前 30	禽流感（H5+H7）	1 mL	皮下
	鸭黄病毒	1 mL	皮下或肌内

二、应激预防

1. 应激的概念

应激是指机体对外界或内部的各种非常刺激所产生的非特异性应答反应的总称。应激反应的目的在于动员机体的防御机能克服应激原的不良作用，保持机体在极端情况下的内稳态。而家禽应激时形成的高水平的肾上腺皮质酮通过血液循环到达家禽机体各部，使家禽表现出高度神经质，心跳加速，采食量下降，心血管系统发生变化，易引发溃疡性肠炎，导致机体血糖降低，生长速度缓慢。多数应激会使法氏囊、胸腺、脾脏等萎缩，使淋巴系统作用衰退，抗体产生减少，抵抗力减弱，发病率升高。可见，应激会严重影响蛋鸭的生产性能，甚至导致蛋鸭死亡，在生产中必须高度重视。

2. 常见应激源

（1）环境因素。舍温过高、过低或突变；强噪声；光线过强、光照制度突变；气流变化（通风不良或贼风）；空气质量差（氨气、硫化氢、二氧化碳等有害气体浓度高）；等。

（2）饲养管理因素。驱赶上笼、抓捕、饲养密度过大、饲养人员不固定、饥饿或过饱、断水断电、日粮营养水平低或不平衡、日粮突变、免疫接种、驱虫、抗体检测、日常投药等。

（3）运输因素。长途运输、晃动、拥挤、踩踏等。

（4）其他因素。饲料中毒（霉菌毒素等）、药物中毒；微生物感染；外伤；等等。

3. 应激预防

（1）日常管理

①合理设计栏舍。根据鸭的生理特点及养殖规模，结合当地气候条件，从鸭场的场址选择、场地规划布局、鸭舍及笼具设计等方面综合考虑，科学决策，最大限度地减少环境应激。

a. 远离污染源，场区做好绿化，为蛋鸭笼养创造一个相对稳定、舒适的环境。

b. 使用蛋鸭专用笼具，笼养规模及密度要合理，单栋养殖规模不宜过大，保证蛋鸭笼养的舍内小环境易于控制。

c. 安装水帘、排风扇、光照自动控制系统，屋顶、墙体等可采用保温隔热材料，合理设置通风口（数量、位置、朝向等），尽量减少外界因素对蛋鸭栏舍内环境的影响。

②加强环境控制与管理。加强对鸭场的热环境、空气、水源、废弃物等的管理与环境消毒。

a. 定期对场区环境、养殖用具等进行消毒，净化养殖环境。

b. 定期清洗水塔及水线，保证饮水充足、干净、卫生；水塔、料仓等避免暴露在阳光下，夏季注意饮水温度不能过高。

c. 关注天气，对寒潮、热浪、雷电等及早预防。天气骤变时及时开启或关闭门窗、水帘降温等设施，保证舍内环境适宜、稳定或渐变；雷电多发区容易停电，须配备发电机，以保障场区用电需要。

③科学配制日粮，满足蛋鸭的营养需要。根据不同阶段蛋鸭的营养需要配制蛋鸭专用日粮，尤其是饲料中的蛋白质、钙、磷、蛋氨酸、维生素等要符合蛋鸭的营养需要。所用原料种类多样化且相对固定，不使用霉变饲料及原料，不随意更换饲料，换料设置 7 d 以上的过渡期。

④科学上笼。

a. 适龄上笼能减少上笼应激对鸭的影响，使其在开产前适应笼养环境，对生长及产蛋有利；过晚上笼则对鸭应激较大，且会延长鸭的适应期。一般在 85 日龄前完成上笼。

b. 尽量减少上笼前后的饲养环境改变。如上笼前后除采取必要的抗应激措施外，保持原有饲喂程序不变，不更换饲料等；同时为避免鸭上笼后不知道通过乳头式供水器喝水，应在青年鸭阶段或上笼前一个月就开始使用乳头式自动饮水器供水，提前教会鸭子通过乳头式供水器饮水。

c. 上笼捉鸭要轻捉轻放，一般选择在夜晚上笼，雨天及高温时段不进行上笼操作，避免多应激叠加。

⑤减少人员干扰。安装自动饮水、自动捡蛋、自动喂料、自动清粪等设施，要减少因人员活动对蛋鸭产生惊扰，避免惊群。

a. 饲养人员宜固定不变，除饲养人员外，其他人员禁止进入鸭舍。

b. 保持鸭群安静，避免连续进行可引起鸭群骚乱不宁的技术活动。

c. 正常生产的鸭群一般不进行调笼，调笼捉鸭时要轻捉轻放，尽量在晚上弱光时捉鸭。

⑥科学制定蛋鸭笼养生产程序。根据鸭的生理特点及鸭舍具体情况制定科学合理的生产程序（上笼、喂料、饮水、光照、通风、捡蛋、清粪、消毒等各个生产环节），各生产环节严格按照生产程序进行操作，不突然改变原有生产程序。

（2）常用缓解热应激添加剂

在预知鸭将有应激或在进行可产生鸭应激的操作时，应提前使用抗应激添加剂或药物等缓解蛋鸭应激。生产中可根据应激源类型选择适宜的抗应激添加剂缓解蛋鸭应激，如维生素（维生素 C、维生素 E、维生素 B）、氨基酸及其螯合物、类维生素（甜菜碱及其盐酸盐）等营养性添加剂可提高畜禽机体的抗应激能力，因此在防治畜禽应激上应用较多；有机酸（柠檬酸、琥珀酸、苹果酸、延胡索酸）、微量元素（锌、硒、铬等）、电解质（$NaHCO_3$、NH_4Cl）、中草药（党参、黄芪、何首乌、当归、金银花、黄连等）制剂等在缓解畜禽应激时可作为促适应剂，调节畜禽机体的生理状态，缓解应激损伤，促进机体的适应。研究表明，在饲料中添加 1 g/kg 甜菜碱，笼养山麻鸭血清球蛋白含量显著提升（$P<0.05$），机体体液免疫功能大为增强，产蛋性能在一定范围内随甜菜碱添加水平提高而提升。当添加 1.5 g/kg 甜菜碱时，笼养山麻鸭产蛋性能最佳。

第三章

种鸭戏水池式养殖技术

第一节　概述

一、传统养殖模式及不足

江西水资源丰富，是传统养鸭大省。据统计，2018 年江西省蛋鸭存笼 1420 万羽，鸭蛋产量 23 万 t，产值近 27 亿元，蛋鸭养殖规模及年产值约占全国的 10%，位居全国前列。养鸭作为江西传统畜牧业产业，为全国乃至东南亚国家和地区鲜鸭蛋及鸭蛋制品的市场供应提供了保障。

目前，蛋鸭养殖仍以传统水面放养为主，设施投资相对较少，只需简易的棚舍供鸭过夜。我国众多的水网和湖泊水域为蛋鸭养殖提供了良好的生态环境，另外还有大量的水稻田、玉米地、湿地草滩等也适合蛋鸭放养，这种模式可以充分利用天然动植物饵料及秋收后遗落在稻田内的谷物，从而降低养殖成本，获得较好的经济效益。

传统养殖方式虽然成本较低，但存在不少弊端。一是占用了大量的土地资源；二是依赖且占用了大量的天然水面，对水环境的污染难以控制，制约了鸭产业的规模化发展；三是养殖区与外界直接接触，存在生物安全问题，疫病防控难度大；四是栏舍多为简易棚，设施设备简陋，先进技术应用水平低，生产效率低下。

随着鸭产业的迅速发展，规模化程度不断提高，而养殖规模的扩大以及养殖网点的增多，利用公共水域进行养鸭生产不可避免地对公共水域造成污染，由于受到公众和环保的压力，许多地方已经禁止传统养殖模式。因此，南方水网地区蛋鸭养殖产业面临严峻挑战，亟须发展新型养殖模式，促使产业转型升级。

二、戏水池式养殖模式

江西作为我国水禽生产重点省份之一，随着鄱阳湖生态经济区建设的不断推进，绿色崛起、和谐发展已成为江西发展的主旋律。

为加快水禽生产方式转变，探索新的健康养殖模式，江西省农业技术推广中心推出了肉鸭旱养及蛋鸭笼养技术，并在全省示范推广，从根本上推动了商品代水禽生产方式的转变；而针对种鸭繁殖行为依赖于水面的特殊性，江西省农业技术推广中心结合当地气候特点，针对现有种鸭旱养模式节水减排效果不佳、产蛋性能不稳定等问题，开展了系统研究，总结提出了种鸭戏水池式养殖模式，并在全省示范推广，取得了较好的经济、生态效益。

与传统散养相比，种鸭戏水池式养殖模式具有以下优点：种鸭产蛋性能稳定，死淘率低；种蛋受精率、孵化率和健雏率高；粪污及污水可集中处理，节水减排效果好；建设

成本低、易于管理，疫病防控能力强。种鸭戏水池式养殖模式顺应水禽产业发展要求，破解了种鸭规模化、标准化生产难题，受到业界的广泛认可，已成为江西种鸭生产发展的主流趋势。江西省在全国率先制定发布了《戏水池式种鸭舍建设规范》（DB36/T 1823—2023），并取得了种鸭戏水池式养殖技术专利，这标志着江西省种鸭旱养走在了全国前列。种鸭戏水池式养殖技术符合发展生态高效农业以及水禽产业转型升级的总要求，为水禽标准化养殖特别是种用水禽生产提供了重要技术支撑。

第二节　设施设备

一、场址选择

1. 场址选址要求

（1）选择场址应符合本地区农牧业生产发展总体规划、土地利用发展规划、城乡建设发展规划和环境保护规划的要求。

（2）新建场址周围应具备就地无害化处理畜禽粪尿、污水的足够场地和排污条件，并通过畜禽场建设环境影响评价。

（3）选择场址应遵守珍惜和合理利用土地的原则，不应占用基本农田，尽量利用荒地建场。

（4）分期建设时，选址应按总体规划需要一次完成，土地随用随征，预留远期工程建设用地。

（5）新建场址应满足卫生防疫要求。场区距铁路、高速公路、交通干线不小于 1000 m；距一般道路不小于 500 m；距其他畜牧场、兽医机构、畜禽屠宰厂不小于 2000 m；距居民区不小于 3000 m，并且应位于居民区及公共建筑群常年主导风向的下风向处。

（6）场址应水源充足，水质应符合《畜禽场环境质量标准》（NY/T 388—1999）的要求，排水畅通，供电可靠，交通便利，地质条件能满足工程建设要求。

2. 不宜建场的地区或地段

自然保护区、水源保护区、风景旅游区；受洪水或山洪威胁地带，以及泥石流、滑坡等自然灾害多发地带；自然环境污染严重的地区。

二、建设要求

1. 整体设计

单栋栏舍包括鸭舍、运动场、戏水池、给排水设施等，规模适中，规格（跨度 × 长度）以（22 ～ 25）m×（70 ～ 80）m 为宜。栏舍、运动场、戏水池横向依次排列。

2. 类型

可采用开放式或半开放式，便于饲养管理及环境控制，密闭式鸭舍建设成本高，不适合当前种鸭养殖现状。

3. 朝向

鸭舍应具备通风、采光、保温、隔热和防雨等功能，以适应江西省夏季高温多雨、冬季低温潮湿的气候特点。实际建设时应按当地主风向、地势确定栏舍方位，南向禽舍允许向东或向西偏转 10° ～ 15° 。

三、鸭舍

1. 结构

鸭舍应采用坚固耐用的砖混结构或轻钢结构。地面水泥硬化。屋顶和墙壁采用复合保温材料，保温隔热层厚度不小于 5 cm。

2. 规格

鸭舍规格应适中。太小满足不了规模化生产要求，太大则不利于栏舍环境控制及日常管理。鸭舍规格（跨度 × 长度）以（8 ～ 11）m×（70 ～ 80）m 为宜，檐高 2.0 ～ 2.5 m。

3. 通道

靠墙设置通道，以便于人员喂料、捡蛋等日常饲养管理，通道宽以 1.2 ～ 1.5 m 为宜。

4. 网床

（1）栏舍内架设网床，横向跨度 6.5 ～ 9.5 m，离地高度 40 ～ 50 cm，网床下方地面纵向坡度为 3% ～ 5%，向出粪口端倾斜。

（2）网面可用塑料网、热镀锌钢丝网等，网孔直径 1.5 ～ 2.5 cm。

（3）在网床上设喂料区，采用自动喂料系统。可安装螺旋弹簧式或索盘式自动喂料系统，并在喂料区网面设宽度80 cm的垫片，以防止鸭采食时洒落的饲料直接掉入网床下方，减少饲料浪费。

（4）在网床上设产蛋区，放置产蛋箱，箱底铺垫稻草、谷壳、锯末等，厚度以2～5 cm为宜。

5. 光照系统

鸭舍安装光照系统，宜采用节能灯，按照灯距3 m、离地2 m的原则，在网床上方均匀交错布置，要求光照均匀，舍内光照强度10～20 lx。

四、运动场

运动场也称陆上运动场，一端紧连鸭舍，一端直通戏水池，是为鸭群提供采食、梳理羽毛、运动和休息的场所，面积为栏舍面积的1.3～1.5倍。运动场地面应用水泥硬化，并向水面倾斜，坡度2%～3%。

运动场应配套设置饮水系统。具体做法是在舍檐下方设置饮水区，安装乳头式自动饮水器，高度35～40 cm，间距6～8 cm。另外，运动场还要配套搭建遮雨棚，向栏舍方向倾斜，坡度3%～5%。这样便于实施雨污分流，避免雨水直接进入运动场，从而控制运动场粪污含水率，保持运动场环境干燥。

五、导流槽

普通鸭舍的戏水池与运动场之间并未设置导流槽，后

果是鸭戏水后直接进入运动场梳理羽毛或休息，大量水分通过鸭的羽毛直接被带入运动场，增加了运动场粪污的水分含量。这样不仅直接增加了粪污排放量，而且运动场长期处于潮湿状态，增加了清理难度，同时运动场上的粪污直接或间接进入戏水池，加速了水质恶化。养殖场往往采取加大运动场和戏水池清洗频率来应对养殖环境的快速恶化，而环境潮湿、用水量较大，以及降雨导致的粪污量剧增等问题依然存在，成为制约种鸭标准化养殖的技术难点。这种情况不仅使小水系养鸭的减排节水效果大打折扣，而且恶劣的环境为病原微生物的大量繁殖提供了温床，对种鸭繁殖极为不利。

导流槽的设置，可以有效降低运动场粪污含水率，保持运动场环境干燥，同时运动场粪污不进入戏水池，可保持戏水池水质干净卫生，从而减少换水频次，达到节水减排的目的。因此，运动场与戏水池结合处应设置导流槽。

导流槽要求深 70 ～ 80 cm，宽 60 ～ 70 cm；导流槽上方加盖漏缝地板，向运动场倾斜，坡度 15% ～ 25%；同时利用鸭的生物学特性，在导流槽与戏水池之间设置弧形缓冲区，宽度 15 ～ 20 cm，高度 10 ～ 15 cm。鸭戏水之后大多站在水边的弧形缓冲区梳理羽毛，可有效减少戏水池中的水分被带入运动场，并保持鸭的羽毛干净卫生。

六、戏水池

戏水是种鸭养殖中非常重要的环节。鸭的繁殖行为大多是在水面完成的，提供必要的水面可以有效提高种蛋受精率，降低疫病发生率和种鸭死淘率，保持种鸭较好的繁殖性能。每单元鸭舍设置独立戏水池，池壁及池底应光滑、防渗，并符合《给水排水工程构筑物结构设计规范》（GB 50069—2002）的技术要求。戏水池横截面为倒直角梯形，靠导流槽侧为斜面，上宽 200 ～ 250 cm，下宽 100 ～ 150 cm，深 50 ～ 60 cm。在池底靠导流槽处设排水口，通过管道与导流槽相连，并安装排水阀。

七、围栏

鸭舍周边用砖和水泥砌筑围栏，根据需要将鸭舍分成若干个单元。戏水池和运动场围栏高 60 ～ 70 cm。网床围栏可选用塑料围网，高 40 ～ 50 cm。

第三节　技术要点

一、阶段式饲养

种鸭饲养分为育雏、育成和产蛋 3 个阶段，一般 1 ～ 3 周龄为育雏阶段，4 ～ 12 周龄为育成期，13 周龄以后进入产蛋期。全程饲喂符合各阶段营养需要的全价饲料。采用单栋或全场全进全出饲养模式，自由饮水。

二、密度合理

种鸭各周龄饲养密度见表 3-3-1，产蛋期公母比例为

1 :（20 ～ 25）。

表 3-3-1　种鸭各周龄推荐饲养密度

周龄	密度 /（羽 · m^{-2}）
1 ～ 2	25 ～ 35
3 ～ 4	15 ～ 25
5 ～ 8	12 ～ 15
9 ～ 12	8 ～ 12
≥ 13	6 ～ 8

三、环境控制

合理采取限制饲喂、光照控制、分群挑选等措施，使种鸭适龄开产。开产前均匀度应达到 90% 以上。

1. 光照控制

白天以自然光照为主，夜间微光照明。种鸭从 80 ～ 90 日龄开始人工补光，补光强度以 3 W/m^2 为宜，以每周 15 min 的方式渐进增加光照时间，直至增加到每天 16 ～ 17 h 为止；调整灯泡的高度，使室内采光均匀；阴雨天气白天舍内也应补光。

2. 温、湿度控制

舍内温、湿度维持相对稳定，湿度一般在 50% ～ 70%，温度一般在 10 ～ 30 ℃。高温季节加强通风和防暑降温，环境温度超过 31 ℃时开启水帘及水循环系统进行降温，维持舍内温度不高于 31 ℃，运动场搭建遮阳棚，注意饮水水温；寒冷季节注意防寒保温，夜间关好门窗，严防贼风。

3. 有害气体控制

对鸭舍内氨气、硫化氢等有害气体进行监测，一般维持有害气体浓度在 3×10^{-6} 以下。使用自动清粪设施清粪时或当舍内有害气体浓度超过 4×10^{-6} 时，须开启通风设施进行通风换气，以保证舍内空气清新。

四、调教训练

种鸭产蛋、采食、运动戏水等时间应固定不变，使鸭养成习惯，形成规律。建议按如下生产流程进行训练：

6：00—7：00，放鸭出舍，让其自由活动并戏水；关闭产蛋区，进行捡蛋、清粪等舍内操作。

8：00—9：00，喂料，赶鸭上岸并关闭戏水池；禁止鸭下水，让其在运动场或舍内自由采食、活动、休息。

11：00—12：00，喂料。

15：00—16：00，开放戏水池，让鸭子戏水。

17：00—18：00，喂料，关闭运动场；清理戏水池、运动场。

22：00，开放产蛋区，让鸭进入产蛋。

五、卫生管理

洗浴用水可采用地下水，地下水水质须符合《畜禽场环境质量标准》（NY/T 388—1999）的要求；定期更换池水，对水池进行清理消毒，保持戏水池干净卫生，一般夏天每周更换池水 2 ～ 3 次，冬天每周更换池水 1 ～ 2 次；废水则通过污水管进入污水处理设施；夏天注意戏水池水温不宜过

高，阴雨天气应将鸭子留在舍内或运动场，避免鸭子下水；每周清理 1 ～ 3 次舍内粪便，每天清理 1 次运动场。

六、保健防疫

1. 保健

定期在饲料或饮水中添加微生态制剂，每周喂 1 次保健砂。

2. 消毒

出入人员、车辆严格消毒；进鸭前 1 周熏蒸消毒鸭舍；进鸭后定期使用不同消毒剂进行带鸭消毒，定期对饲养设备和用具进行清洗消毒。

3. 免疫

开产前 2 周完成所有免疫程序，具体参考表 3–3–2 免疫程序进行免疫接种。

表 3–3–2 种鸭免疫程序

日龄 /d	疫苗	接种方法	剂量
1	病毒性肝炎	皮下	1 头份
10 ～ 14	禽流感	皮下	0.3 mL
20	鸭瘟	皮下或肌内	1 头份
35 ～ 40	禽流感	皮下	0.5 ～ 0.7 mL
60 ～ 65	鸭瘟	肌内	1 ～ 2 头份
开产前 14	禽流感	皮下	1 mL
开产前 14	病毒性肝炎	皮下	2 头份

七、粪污处理

对鸭舍内粪污、运动场粪污和饮水余水，以及戏水池污水分开处理。粪污处理后可资源化利用。污水经处理达标后可再次用于戏水池，或用于冲洗运动场，实现场内水循环，污水零排放。

第四章 肉鸭网床平养技术

第一节 概述

传统水域放牧、大棚地面养殖的生产模式在相当长的一段时间里促进了水禽产业的快速发展。随着规模化、集约化养殖的发展，传统的饲养方式暴露出越来越多的缺点，具体表现在粪污直接污染养殖对象、环境卫生差、发病率和死亡率升高、耗料多、生长速度缓慢等，导致养殖效益不佳。同时，传统的饲养方式不能有效控制水禽采食、饮水和环境质量，存在着严重的生物安全隐患，无法实现水禽的无公害生产。

近年来，我国水禽生产已逐渐由分散零星饲养向集约化、专业化方式转变，由落后的传统饲养方式向科学的现代化饲养方式转变，由粗放的放牧饲养转为立体生态养殖等。网床养殖就是在这种转变的趋势下发展出的一种新的养殖模式。

网床养殖模式是在鸭舍内利用塑料、竹板等材料架起高出地面 1 m 左右的网床，肉鸭在网床上饲养，粪便漏过网孔排至网床下，大大减少了鸭子与粪便接触的机会。网床下可以安装刮粪机，或进行人工清粪，或铺垫木屑等吸收粪便水分的垫料，实现集中收集处理和利用鸭粪便的目的，促进养鸭与环境的协调。

网床养殖模式是近年来逐步探索成功的水禽饲养新模式，不受季节、气候、生态环境的影响，一年四季均可饲养，大大提高了饲养效益，也有利于卫生防疫和生态环境保护，具有良好的经济效益和社会效益。不管是对于大型养殖场还是广大农村来说，在我国都极具推广价值。肉鸭采用网床上旱养，可有效预防外界传播的各种寄生虫病，育肥性好，经济效益和社会效益显著，尤其值得在受水域限制而不能放养的地区推广。有人对种番鸭网床平养和网床－地面混合饲养效果进行了研究，结果表明，网床平养的种番鸭存活率和产蛋率均高于网床－地面混合饲养模式。网床平养模式从目前来看将是今后水禽养殖的一个发展方向。

网床平养模式的优点：①减少疫病的发生，提高鸭子的成活率。全程网床饲养，鸭子同粪便隔离，减少了鸭子从粪便中感染疾病的可能，育成率在98%左右。②管理方便。易于实行全进全出，提高了生产率。③提高了肉鸭品质，肉鸭均匀性好。④减少了环境污染。粪便实行干清粪工艺，减少了污水排放量。

网床平养模式的缺点：建设成本较高；冬季保温防寒较地面平养困难；容易发生啄癖，对鸭羽毛的生长及品质会造成一定的影响。

第二节　设施设备

网床饲养模式的鸭舍和各种设施设备可高档、可简易。高档的可以设计为全密闭全自动化装置的鸭舍，自动给料、给水系统，自动通风换气系统，自动控制环境温度系统，自动清理排泄物系统，等等。简易鸭舍则可以采用塑料大棚，前后端安装湿帘和风机，两侧安装卷帘。在不用保温和降温的季节，可以把卷帘上拉进行自然通风，夏季和冬季可以把卷帘放下进行机械通风或保温。饮水、给料和清粪等，可以人工操作，也可以机械化、自动化操作。不过，随着人力成本的增加，为了提高工作效率，建议使用机械化、自动化设备。

一、网床养殖鸭舍建设

1. 选址布局

场址应远离村庄、主干道、家禽养殖场和屠宰场。应选择南向坡地，不宜选择北向坡地。鸭舍可以是砖瓦结构房舍，也可以建成简易的毛竹和油毛毡结构，但要有一定的保温和散热设施，要求冬暖夏凉，阳光充足，空气流通，干燥防潮，经济耐用。

南方地区温、湿度较高，鸭舍以高度 2.8 ～ 3.0 m、跨度 8 ～ 10 m 为宜。按每平方米养鸭 4 ～ 6 羽，每栋养殖 5000 羽左右确定养殖数量。

2. 地面处理

地面选材主要有三种：第一种是砖，第二种是水泥，第三种是用石灰、红土、炉灰渣按 1∶1∶2 夯实的三合土。通常在靠鸭舍外过道侧的网架底挖一条 20 ～ 25 cm 宽的排粪沟，人行道应比排粪沟底高 10 ～ 15 cm，网架下从距排粪沟远侧向排粪沟底倾斜。排粪沟底及两侧用水泥抹好，舍外设集粪池。

3. 网床制作

①网面：可采用软质塑料网、镀锌钢丝网、木栅网、竹片（竿）栅网。②框架：可用直径 5 cm 的竹竿或相应规格的木料按可利用空间制作，用竹竿或木栅网时，亦可直接固定在砖砌的短墙上。③框架支撑：水泥预制件、砖垛、短墙皆可，高度以使网面距地面 80 ～ 120 cm 为宜。④网床安装：过道一侧围以塑料网或木栅网为宜，高度 30 ～ 40 cm，网床过长时，可用网片分隔成小的区块。

网床规格：前期（0 ～ 14 日龄）用 1 cm × 1 cm 网眼的网床为宜，后期（15 日龄后）用 2 cm × 2 cm 网眼的网床为宜。

二、配套设施

1. 饮水设施

破开的竹竿、塑料管、饮水盘、饮水器、自动饮水设施皆可。

2. 消毒设施

背负式喷雾器、消毒机、自动喷雾设备皆可。有条件时，在网床上下安装畜禽栏舍空气电净化防疫防病系统。一方面可随时对舍内空气进行净化除尘，保持鸭舍空气状况良好；另一方面可达到除臭的目的。最重要的是，鸭子对鸭舍空气中钝化、灭活的病原微生物气溶胶可产生免疫，从而提高鸭只的抗逆性。

第三节　技术要点

一、常规网床养鸭

(一) 管理要点

1. 选择适宜网床养殖的优质鸭品种

试验表明，北京鸭、樱桃谷鸭、高邮鸭、丽加鸭、枫叶鸭，以及番鸭、半番鸭都可以进行网床养殖。网床养殖要选好鸭苗，尽量不养残弱的鸭苗。一旦发现弱鸭苗必须隔离饲养，因为网床养殖鸭子比较集中，容易将弱鸭苗踩死。

2. 饲喂优质全价饲料

饲料是养鸭的物质基础，投喂优质的饲料是保证鸭只体重达标的前提。饲喂方式采取自由采食。

3. 加强鸭群管理，提高肉鸭品质

要减少鸭群应激，尽量避免鸭只胸、腿发病。饲养过程中尽量减少人员出入，非饲养人员尽量避免进入鸭舍。选择塑料网时一定要选择网孔较小而且表面光滑的，以免鸭腿被卡在网孔内弄伤。管理上要实行定人、定时、定料，平时做好常规的卫生防疫工作。此外，还要经常观察鸭子的形态、行为、采食、饮水、粪便、呼吸等情况，发现异常，及时采取应对措施。

4. 饲养密度

肉鸭网床饲养的适宜密度，在实际生产中一般 0 ～ 14 日龄 40 ～ 50 羽 /m^2，15 日龄以后 5 ～ 6 羽 /m^2。

（二）雏鸭网床养殖

1. 雏鸭引进前的准备

确定肉鸭的品种、饲养数量、饲养时间、出栏时间，提前制订相应的免疫接种程序，准备好饲料及药品。

检修好鸭舍。检修完毕后清扫干净鸭舍，晾干后用化学消毒液严格消毒育雏舍的墙壁、地面、房顶、舍内环境和出入通道，水槽、料槽用消毒药浸泡 24 h 以上。然后，将所有用具放入鸭舍，关闭门窗和通风口后用甲醛和高锰酸钾熏蒸消毒 24 h，再打开门窗和所有通风口通风 48 h 以上。注意通风期间应防止蚊虫鼠兽进入。

待育雏舍空气新鲜、无刺激性气味时开始增温。在育雏舍温度上升到 32 ℃，空气新鲜、无烟、无煤气味时引进雏

鸭。进雏鸭时应及时检出病鸭或弱鸭。

2. 饲养管理

饮水。引进雏鸭后即可开水，水的温度为 15 ℃左右。可以将雏鸭分群放入盛有清洁饮水的水盆中让其自由饮水，水的深度以刚好淹没雏鸭的脚为宜；也可以用小型喷雾器往雏鸭身上喷水，使雏鸭身上形成小水珠，让雏鸭相互啄食小水珠以达到开水目的；还可将盛有清洁饮水的小水槽均匀地放到塑料网上让雏鸭自由饮水。不饮水的雏鸭应人工辅助其饮水。

喂料。当 50% 以上的雏鸭饮足水后即可开食。开始时应将开食饲料均匀撒在塑料网上放置的干净塑料布上。开食饲料应为适口性好、容易消化、粗蛋白含量在 21% 以上的颗粒饲料，饲料应新鲜、没有发霉变质、未受污染。

密度。雏鸭的饲养密度一般为 40 ～ 50 羽 /m^2。

卫生。因雏鸭的抗病力、抗逆性较差，所以应加强雏鸭舍的卫生管理，坚持每周清扫、带鸭消毒 3 次以上，每天在环境温度较高的时段通风换气 40 min 以上，通风换气前应适当提高育雏鸭舍的空气湿度和温度（2 ～ 3 ℃）。

(三) 中雏网床养殖

1. 饮水

要供给充足、清洁的饮用水，不断水。要求在有光照的情况下保证饮水器内有足够的水，否则鸭子的采食量会下降。为避免鸭子饮水时将羽毛弄湿，一般使用普拉松自动饮水器，每 50 ～ 60 羽鸭设 1 个。要避免直接用水盆供水。

2. 喂料

采食器具要充足，并均匀摆放，与饮水器距离 1 m 左右，方便鸭子随时采食、饮水，减少觅食距离。

鸭饲料有两种料型：颗粒料和粉料。颗粒料为饲料公司经过特殊工艺加工而成，应用较为普遍，可以促进鸭采食，鸭不容易挑食。

前、后期饲料更换要逐步进行，前期料与后期料的混合比例为：换料第 1 天 3 ∶ 1，第 2 天 2 ∶ 2，第 3 天 1 ∶ 3，第 4 天全部更换。因为后期料颗粒较大，突然换料会造成鸭子采食速度下降，甚至出现应激腹泻。

3. 管理程序化

鸭群生活很有规律性，程序化管理有利于形成条件反射，减少应激危害。管理要实行“五定”原则，即定人、定时、定料、设备定位、定操作规程。饲养人员每天在喂料、打扫卫生间隙，要勤观察鸭群精神、行为、采食、饮水、粪便、呼吸等情况。若发现鸭群有异常情况，要分析原因，采取必要措施。

4. 做好卫生防疫

肉鸭常见疾病有禽流感、鸭病毒性肝炎、鸭细小病毒病、鸭传染性浆膜炎、大肠杆菌病等。肉鸭疾病要以预防为主，具体预防措施可参照一般肉鸭养殖模式。

(四)蛋鸭及种鸭网床养殖

下面主要介绍蛋鸭及种鸭网床养殖管理与传统养殖管理的不同之处，其他参照传统饲养管理即可。

1. 育成期种鸭舍功能分区

在育成期，种鸭舍要分成两个功能区：活动区和投料区。在活动区内，鸭可以自由走动、饮水和休息；而在投料区，鸭只有在喂料时才可以进入，投料区的网床上需要加铺一层塑料布。

2. 产蛋窝的安放

当母鸭达 161 ～ 168 日龄、全部饲料改在料槽投喂后，就可以将喂料区的塑料布收起来，沿着栏圈四周安放产蛋窝，每圈安放 30 ～ 35 个产蛋窝，每个窝供 4 ～ 5 羽母鸭产蛋。

具体做法是：在栏圈四周的网床上铺上 70 cm 宽的遮阳网，在遮阳网上覆盖 80 cm 宽的塑料网，用尼龙扎带固定塑料网后，在塑料网上安放塑料产蛋窝，产蛋窝每 3 ～ 5 个连接成一组并固定在栏圈四周（中间留有一段 2 m 宽的通道），然后在产蛋窝里加上谷壳。这样就成了一个供种母鸭产蛋的产蛋区。在晚上 9 点熄灯前移开栏板，让种母鸭自由进出产蛋区；第 2 天早上捡完蛋，就将种母鸭赶出产蛋区。

3. 鸭粪的清理

定期清理网床下的鸭粪，一般 1 ～ 2 个月清理 1 次，以保证鸭舍内空气质量良好。

二、发酵床网床养鸭

发展肉鸭发酵床网床养殖，可以减少养殖粪污对环境的影响，能够较好地解决当前畜牧业发展与环境保护的矛盾。现主要介绍发酵床网床养殖肉鸭涉及的发酵床制作与管理，肉鸭网床饲养管理、肉鸭免疫和疾病防治等技术参照一般网床养鸭模式即可。

（一）栏舍与发酵床建设

鸭舍多采用简易保温大棚结构，鸭舍长 100 m 左右，宽约 10 m，檐高约 2.5 m，顶高 4 m 左右。鸭舍内左右各建一个发酵床网床养殖栏，每个养殖栏由一组发酵床床体组成。每个发酵床床体宽约 3.5 m，发酵床网床离地面 1 m 左右，两侧为高 0.5 m 的轨道墙，用于铺设翻耙机行走轨道。床体与棚舍间 0.2 ～ 0.3 m 做水线或水槽，床体上靠近水槽处设挡水板条，以减少肉鸭饮水对发酵床的影响。发酵床床体垫料厚度 0.4 m，由稻壳、锯末和益生菌等组成。

网床可拆卸，便于清洗、消毒与翻耙机的维修。同一栋鸭舍中的两个发酵床床体共用一个翻耙机，通过一个转运系统实现共用。

（二）垫料

垫料原料以锯末、稻壳为主，其中锯末所占体积比应大于 40%，也可根据当地的实际情况选择吸水性强、透气、来源丰富的本地农副产品代替部分（20% ～ 30%）锯末或稻壳。例如，农作物秸秆、玉米芯粉、竹糠、菌渣、蘑菇渣、酒糟、花生壳、稻草等。垫料需贮存在通风干燥处，并做好防霉措施。按照发酵床面积、厚度计算所需垫料的体积。

（三）菌种

发酵床中添加的菌种为芽孢杆菌、乳酸菌、酵母菌、纳豆菌等多种发酵床专用有益菌，或者新一代“反硝化—脱氮—酸化—同化吸收—解磷”发酵床菌种，以乳酸菌、反硝化细菌为主，辅助以解磷解钾菌、枯草芽孢杆菌、地衣芽孢杆菌、产朊假丝酵母菌、酶制剂复合而成。菌种添加量严格按产品说明书使用。

（四）日常管理

1. 水分控制

发酵床能否正常运行的关键点是对水分的控制。含水量过高会导致厌氧发酵产生氨气，而氨气越浓，运行效果越差，因此发酵床含水率必须为 60% ～ 65%。若垫料含水率大于 65%，则需及时补充部分新鲜干爽垫料及部分玉米粉（0.5 kg/m^3），并适当增加翻耙频率。翻耙频率的确定取决于发酵床的含水率与其内的粪水量。

2. 翻耙

一般情况下，配备自动翻耙机的舍内发酵床翻耙频率为 1 ～ 2 次 /d；但当发酵床垫料含水率过高（大于 65%）时，则需适度增加翻耙频率或补加垫料。对于需要在网床式发酵床上饲养雏鸭的肉鸭养殖户，建议前 21 d 不要翻动垫料。翻耙宜在喂料后以及开启风机通风后进行，以降低舍内氨气浓度，减少应激。若在翻耙过程中发现垫料厚度有所降低，应及时补充垫料至原有厚度，以保证发酵效果。

3. 菌种补充

根据发酵床的运行情况来确定补充菌种的频率。一般情况下，每隔 21 d 补菌 1 次。添加量为首次菌种用量的一半。补充菌种的方式视垫料含水率而定。若垫料含水率在适当范围内，则可将菌种与水稀释后均匀地喷洒在垫料上，再翻耙均匀；若垫料含水率较高时，则可将菌种与部分锯末混合均匀后直接撒在垫料上，再翻耙均匀。当垫料水分正常但温度较低时，可适当加大菌种添加量，也可补充些玉米粉以助升温。

4. 通风换气

通风有助于发酵床水分的散失（增加湿度差）及氨气浓度的降低。通风方式包括：①靠两侧卷帘的水平通风；②利用天窗的循环气流通风；③机械性通风或强制通风——利用风机、引风机通风。利用卷帘、天窗通风的鸭舍，在非保温季节宜保持常开状态，冬季在保证舍内温度的前提下尽可能多通风。对于有条件的鸭舍，要求安装风机进行强制通风。通风的频率及时间取决于舍内氨气浓度和湿度状况，一般要求在日间喂料后间歇通风，但在气温低的季节通风时应避免舍内温度骤降。

第五章 稻鸭共生技术

第一节　概述

稻鸭共生模式由水面养鸭演变而来，是我国传统的生态种养结合模式。让鸭子生长的大部分时间在稻田内活动，这种模式主要是充分运用稻鸭共生的原理，利用鸭捕食稻田内的杂草、害虫和虾螺等，鸭子的活动可以改善稻田生态环境，增加土壤、水层中的养分含量，使稻田透风透气，利于秧苗生长，同时鸭粪又是水稻生长所需的肥料。稻鸭共生模式所需的鸭舍设施极为简单，只需在田边建一简易棚舍和料槽，供鸭群休息、过夜及采食，同时在稻田四周围一塑料网或栏栅，使鸭子在围网内部的稻田之中生活。在实际生产操作中，按 225 ～ 300 羽 /hm^2 的标准将 7 ～ 10 日龄的雏鸭放入稻田，鸭白天放出到田中觅食，夜晚回到棚舍补饲。稻鸭共生的投资很小，鸭的成活率也很高，一般可以达到 98% 以上。同时，稻鸭共生在生产中不施用化肥和农药，生产的稻米被誉为绿色有机大米而在市场上受到人们追捧并获得良好的经济价值。然而，稻鸭共生的推广规模仍然很小，在整个养鸭产业中所占比重很低，目前选用的鸭品种也都是生长较慢、体型较小的地方鸭品种，而不是快大型的樱桃谷鸭品种。此种生产方式也仅适用于南方水田多的地区，而且受到稻田插秧、收割的影响，不能进行全年性生产。

一、稻鸭共生技术模式起源

稻田生态种养模式起源于中国，稻鸭共生模式在中国已传承了上千年。关于稻田养鸭的最早记录可追溯到春秋战国时期的灭蝗活动，至明清时期初步形成稻鸭共生技术，具有悠久的历史。明代霍韬记述了用鸭防治稻田蟛蜞的事迹，其后陈经伦饲鸭治蝗获得成功，陈九振、顾颜等人加以引用，证明该法行之有效，养鸭除虫便在生产上运用，稻田养鸭因此得以发展。

1. 我国稻鸭共生模式发展现状

现代稻鸭共生是以水田为基础、种稻为中心、家鸭野养为特点的自然生态和人为干预相结合的复合生态系统，融合了水禽育种学、生态学、动物行为学、环境学、电子学多学科的知识。

2000 年，江苏省率先引进日本的现代稻鸭共生技术，在镇江市延陵镇南京农业大学研究基地试验与示范应用。在各地农业畜牧等单位的大力协助下，稻鸭共生技术内容不断完善，推广应用范围迅速扩大。许多地区特别是南方稻区，结合当地生态环境和生产实际提出了因地制宜的稻鸭共生技术体系。农业部于 2003 年在湖南省召开了南方优质高效无公害稻米生产示范观摩会，稻鸭共生生态种养技术作为无公害稻米生产的主导技术引起了各地农业主管部门的关注。如今，这项技术在浙江、江西、江苏、湖南、云南、湖北等省有较大发展，其中推广力度最大的是浙江、江西和湖北，江西省于 2003 年制定了《“稻鸭共栖”生产绿色大米操作技术规程》。

经过多年的探索和研究，现在已经发展出“稻 + 鱼”“稻 + 鸭”“稻 + 虾”“稻 + 蟹”“稻 + 鳖”等多种模式，在日本、韩国、泰国、越南、孟加拉国等多个国家得到推广应用。

2. 国外稻鸭共生技术模式发展现状

20 世纪 90 年代，日本开始引入稻田养鸭模式，在借鉴中国稻田养鸭的基础上，改进革新，发展出一系列稻鸭共生技术，使稻鸭共生技术得以完善并在亚洲广泛发展。由于该技术具有明显的经济效益、社会效益和生态效益，1999 年被推广到日本全国，并被日本农林水产省确定为全日本 12 项受国家资助的环保持续型农业生产技术；韩国于 1992 年开始进行稻鸭共生的试验与推广，并作为第 1 号无农药大米的生产技术；越南于 1993 年引进稻鸭共生技术，在旁普省中部的府安省和南部的湄公河三角洲地区大力推广应用，取得明显成效；缅甸、菲律宾、印度尼西亚及我国台湾省等为解决福寿螺危害稻苗的问题，引进推广稻鸭共生技术，效果十分显著，稻田间福寿螺基本上被鸭觅食干净，促进了水稻增蘖、增穗、增产、增收。

二、发展稻鸭共生技术模式的意义

稻鸭共生技术，起源于中国，完善在日本，发展在亚洲，是对我国传统农业的继承和发展，被誉为亚洲共同的技术、卓越的环保农业技术，是生态农业的重要组成部分。

近代以来，农业生产中大量使用化肥、农药等农用化学品，使生态环境遭受严重破坏。据统计，我国每年化肥施用量已高达4412万t，其中氮肥施用量约2200万t，有机肥施用量不足肥料施用总量的25%；每年的农药施用量高达132万t，其中70%为高毒农药。农用化学品的大量使用，严重阻碍了稻田生物的正常生长，大量农药残留在土壤中，并进入生物组织，通过食物链不断富集，对稻田的土壤生物、水生生物、害虫天敌等均产生不利影响，使稻田生态系统功能明显减弱，稻田生物多样性和生态系统遭受不同程度的破坏，稻米安全品质也随之下降。江西省是粮食大省，以占全国2.3%的耕地和3.3%的人口，生产了占全国3.5%的粮食，是1949年以来全国两个从未间断输出商品粮的省份之一，水稻种植面积位居全国第2位，稻谷产量位居全国第3位。同时，江西省也是水禽生产大省。据报道，2017年，全省水禽出栏1.53亿羽，占家禽出栏量的31%；存栏7581万羽，占家禽存栏量的34%。水禽养殖是江西省的特色优势产业，也是农业农村重要的经济来源之一。推行稻鸭共生绿色发展模式，使二者有机结合，实现以田养鸭，以鸭促稻，以鸭护稻，使鸭和水稻共栖生长，是江西省发展绿色生态农业的重要途径。

近年来，绿色环保观念逐渐深入人心，发展稻鸭共生技术模式顺应了绿色生态农业发展的趋势。党的十九大报告明确提出要推进绿色发展，着力解决突出环境问题，强化土壤污染管控和修复，加强农业面源污染防治。稻鸭共生技术作为一种有机农业生产方式，是以稻田为基础，以优质稻米生产为中心，以家鸭野养为特点，通过种养有机结合方式生产绿色优质稻米、优质鸭产品的稻田立体种养生态农业模式。这种模式不仅可以降低水稻种植及养鸭成本，提高稻米和鸭产品的品质，还能减少农药、化肥、抗生素等使用所带来的环境污染。稻鸭共生技术因此受到各国的广泛关注，是我国及亚洲其他主要水稻生产国正在大力推广的一项优质、高效、环保的农业技术。大力推行稻鸭共生绿色生态农业，对发展绿色现代农业，生产有机稻，改善农业生态系统，推进生态文明建设具有重要意义。

三、稻鸭共生技术模式的优势

稻鸭共生技术是对我国传统农业的继承和发展，是水稻、水禽可持续发展的新途径和新方法，在水稻生产、病虫害防控和稻田生态保护方面具有无可比拟的优势。

1. 刺激水稻生长，提高水稻产量

鸭对水稻有刺激生长效果，可提高水稻产量。鸭在稻丛间不断踩踏、啄食，与水稻不断接触、摩擦，可在一定程度上降低水稻株高，增加水稻茎秆粗壮度、根冠比和地下部的生物

产量，促进水稻地下部根系的生长发育，使水稻根系健壮，从而提高水稻的抗倒伏能力。有研究表明，稻鸭共生技术可使水稻植株保持一定的松散度，有利于形成上披下挺的株型结构，同时延缓水稻叶片衰老，从而提高水稻的光能利用效率并促进干物质的生成与积累。鸭通过觅食吃草、松土浊水和增氧通气等活动，既能降低威胁水稻生长的有害物质含量，又能促进水稻根系延展及分蘖发育成穗，提高结实率，进而使水稻产量得以提高。

2. 降低稻田病害发生率

稻鸭共生技术能够有效降低稻田多种病害的发生。例如每公顷放养 300 羽左右的鸭子，可使稻田纹枯病的病株减少 50% 以上。进一步研究其原因发现，一方面通过鸭子食用菌丝、菌核，减少了病菌侵染的数量；另一方面，通过鸭子食用腐烂的病株，及时清除病源，抑制病情的扩散。稻鸭共生技术通过鸭子引起的稻田生态条件的改变而抑制稻瘟病的发生和发展，抑制率可达 50% 以上。有研究表明，稻鸭共生技术显著减少了分蘖期稻田灰飞虱的数量，减少了条纹叶枯病传播的媒介，从而对条纹叶枯病起到有效控制，对稻田拔节孕穗期条纹叶枯病的防治效果达 40%。

3. 防控稻田虫害

稻鸭共生技术对虫害有较好的防控效果。稻鸭共生技术能显著降低稻田害虫基数，基本上消灭稻田中的稻飞虱、稻象甲和稻纵卷叶螟等害虫。其中对稻飞虱的防治效果最为明显，基本可代替化学防治。有研究发现，稻鸭共生技术对稻飞虱和稻叶蝉的控制效果达98.5%和100%，同时对二化螟和三化螟也有一定的控制效果。稻鸭田的水位与常规稻作田相比一般较深，水稻基部露出水面的部位较少，大大缩减了害虫的生存空间；而且稻鸭田通常水稻栽培密度不大，基部光照通风条件较好，不利于害虫的生存和繁衍；再辅以鸭子的直接取食，能够对稻田害虫起到十分好的防治效果。但生物防治效果与常规农药的化学防治效果相比有一定的差距。在生产上推广稻鸭共生技术的同时，应协同使用杀虫灯和生物农药等多种物理防治和生物防治措施。

4. 控制稻田杂草生长

稻鸭共生技术可有效控制田间杂草危害，其生物控草效果优于施用一次性化学除草剂的效果，可有效降低稻田杂草的种群数量。诸多研究均表明了稻鸭共生技术对杂草的防控效果。例如：张志东等研究表明，稻鸭共生技术对鸭舌草、节节菜，以及空心莲子草的防控效果比化学除草剂更好。王献志研究也指出，稻鸭共生技术对莎草等杂草的防控效果高达95%以上，比化学农药的效果高10%左右。鸭子除直接采食杂草外，还能将部分杂草踩入泥中使其腐烂，并将杂草种子踩入泥土深处从而抑制其萌发。魏守辉等研究表明，稻鸭共生技术持续降低了稻田杂草群落的物种多样性，进而限制了杂草危害。此外，稻鸭共生技术能改变杂草种子库土壤剖面中的垂直分布格局和大小，进而影响杂草种子的萌发与生长。

5.提升产品品质，助力绿色生态农业发展

稻鸭共生技术可以提高稻米、鸭肉及鸭蛋等农产品品质，促进绿色生态农业的发展。鸭在自然条件下放养，皮脂少且瘦肉率高，鸭肉鲜美可口，氨基酸含量高于常规养殖。鸭将田间杂草、害虫等过腹还田，为水稻提供有机氮源，改善了稻米的蒸煮与食用品质，增加了稻米的胶稠度。据报道，稻鸭共生技术还能增加水稻的粒宽，进而提高稻米的碾磨性能和外观品质，与常规稻米相比，其直链淀粉含量、蛋白质含量和氨基酸含量也均有不同程度的提高。此外，稻鸭共生技术作为一项种养结合、生态高效的农业生产技术，可不施用农药、化肥等，从而减少了化肥、农药等带来的农业面源污染，改善了生态环境，减少或消除了农药、抗生素等在稻米、鸭产品上的残留，所生产的稻米属无公害农产品，稻米质量安全、鸭产品品质显著提升。该技术的推广能够促进稻田生物多样性，保持食物链稳定，又能带动相关食品产业群发展，进而形成节约型循环经济，丰富绿色生态农业体系产品。

6.修复土壤生态功能，激发土壤活力

稻鸭共生技术对稻田土壤微生物群落数量及代谢、土壤养分含量的提高等都具有十分积极的作用。有研究发现，在水稻生长的中后期，土壤中可培养的微生物总数，以及细菌、真菌和放线菌数量在稻鸭共生技术模式下得到显著的增长，土壤微生物群落的碳源利用能力和整体代谢活性也得

到显著提高，进而增强了水稻生长中后期的微生物功能多样性。与常规稻作模式相比，稻鸭共生技术模式能够减少土壤碱解氮的消耗，还能在一定程度上提高土壤中全氮和全钾的含量。对水稻收获后稻田有机质含量进行测定发现，稻鸭共生稻田的土壤有机质含量与生产前期相比有不同程度的提高，而常规稻作稻田的土壤有机质含量与生产前期相比却有所下降。稻鸭共作技术不仅弥补了水稻生长对土壤有机质的消耗，还能够改良土壤的地力。李妹娟等研究发现，采用不同的水稻品种混作养鸭，对田间土壤养分状况和稻米品质的改善效果更好。有研究表明，在现有的养分投入水平下，稻田土壤的自持能力较差，对外部投入的依赖性较高，土壤存在严重氮磷亏缺现象。稻鸭共生技术能够有效降低土壤磷的亏缺量，鸭粪中的磷素在土壤磷循环利用方面发挥了重要作用。

7. 改善水体理化性质，维持水体生物多样性

稻鸭共生技术能够改善水体的理化性质并提高水体对水稻生长的养分供应能力，这是因为稻田表层水体电导率和氧化还原电位的提高，以及水体温度与酸碱度的降低带来的效果。稻鸭共生技术减少了稻田水生生物的种群量及数量，尤其是藻类群落数量的减少更为明显，绿藻、硅藻和原生动物的优势度显著降低，一些优势种群的增长得到抑制，亚优势种群的数量增加，从而提高了稻田水体生物多样性指数，进而维持稻田水体系统的稳定。

8. 减少温室气体排放，缓解温室效应

稻鸭共生技术不仅能够维持和保育土壤肥力，还兼顾了农田生态系统温室效应的控制，更有利于稻田系统各项生态服务功能的充分发挥。有研究认为，稻鸭共生技术减少了甲烷和氧化亚氮的排放。稻田甲烷的排放与土壤中溶解性有机碳、微生物碳和土壤温度显著相关，稻鸭共生技术通过改善土壤氧化还原状况从而显著减少甲烷的排放量。也有研究认为，稻鸭共生系统能够减少甲烷排放量，主要是通过鸭子活动增加土壤的溶氧量，抑制杂草和浮游生物的呼吸作用，同时避免杂草和无效分囊的腐烂分解而实现的。上述研究表明，应用稻鸭共生技术对全球温室效应具有一定的减缓作用。

第二节　设施设备

一、稻田的选择

1. 要求

应选择地势平坦、交通便利、环境安静、靠近水源、灌排方便、形状方正且连片的田块。稻田水质良好，每升水中氧含量在 5 mg 以上，酸碱度为中性或偏碱性，符合灌溉和养殖用水标准。土质以黏壤土为宜，这样的土质保水保肥能

力强，容易进行肥水管理。

2. 整理

以 3300 ～ 6700 m^2 为 1 个稻鸭共生单元。其周边田埂高不小于 30 cm，宽不小于 40 cm。做到田平、泥烂（上烂下实）。水层 3 ～ 5 cm 深。水太浅不利于鸭活动，水太深不利于鸭除草。但随着稻、鸭的生长，水深可适当渐增（一般不要超过 10 cm）。

3. 基肥

稻田在移栽秧苗前应一次性施足基肥，以腐熟长效的有机肥为好。施肥量要视土质优劣而定，土质好，基肥要少施，反之则多施。由于鸭的排泄物是水稻生长的好肥料，因此，在水稻生长过程中一般不再追肥。

二、田间设施

1. 防护网

每个稻鸭共生单元用竹竿或木桩、网眼 2 cm × 2 cm（以鸭不能钻出也不会被卡死为原则）的普通尼龙网围住，高度 80 cm（以鸭不能跳出为原则），见图 5-2-1。必要时还可在尼龙网外设 3 条脉冲电线防止天敌进入稻田。

图5-2-1　防护网

2. 简易鸭舍

根据群体大小，按 6 ～ 7 羽 /m^2 的要求，在田边通风较好、地势较高处，用石棉瓦、防雨布、木桩等搭建简易鸭棚，供鸭休息、补料用。一般每个共生单元搭建一个简易棚。地面可铺干燥的稻草、谷壳。见图 5-2-2。

图5-2-2　简易鸭舍

第三节　技术要点

一、品种选择

稻、鸭的品种选择是稻鸭共生取得高效益的基础，甚至关系到稻鸭共生技术应用的成败。

1. 稻品种

要选择优质高产、株型集散适中、茎秆粗壮、抗倒伏、抗逆性强、分蘖力强的中稻或晚稻品种。

2. 鸭品种

应根据稻鸭共生后鸭的用途，结合稻鸭共生技术特点来选择。宜选择个体较小、行动敏捷、适宜在稻田中穿行，且除虫、除草、浊水、刺激水稻生长效果好，同时要求鸭的耐水性强，能长时间在稻田中活动的品种，如绍兴麻鸭、山麻鸭、吉安红毛鸭等。

二、育秧与育雏

水稻育秧和鸭子的孵化育雏开始的时间大致是相同的，一般遵循“谷浸种、蛋起孵”的原则。

1. 育秧

稻鸭共生水稻要采用旱育秧，因为旱育秧的秧苗硬挺、老健，移栽后扎根活棵返青快，秧苗不易被鸭损害。而且秧苗 10 d 左右就开始分蘖，这样的秧苗与 7 ～ 10 日龄雏鸭之间容易取得协调和平衡。

水稻插秧可采用人工插秧或机插秧。插秧应掌握以下要点：一要适时移栽。秧龄控制在 15 ～ 20 d，叶龄 3.5 ～ 4.0 叶，秧苗高度一般在 12 ～ 17 cm，防止超龄移栽。二要正确起运。移秧时要小心地将秧块卷起，运送时堆叠层数不超过 3 层，运至本田后随即卸下放平，使秧苗自然舒展，做到随起、随运、随插。三要合理密植。稻鸭共育的水稻栽植密度既要考虑鸭在稻丛间活动的需要，又要考虑栽插密度对水稻产量的影响。应采用扩株稀植的种植方式，扩大株距，一般行距为 24 ～ 27 cm，株距 18 ～ 21 cm，每公顷栽插 15 万～ 18 万穴、基本苗 75 万～ 90 万株。这样的基本苗和行株距利于鸭子的活动，并能促使稻株分蘖早生快发。

2. 育雏

一般按 180 ～ 225 羽 /hm^2 的放养密度准备鸭苗。在插秧后 1 ～ 2 d 立即购进鸭苗，集中育雏。育雏期间建立条件反射，便于鸭入田后的日常管理；及早开始驯水适应性训练，据报道，日龄越小的鸭耐水性越强；按免疫程序进行免疫，育雏期间完成所有免疫；至雏鸭 7 ～ 10 日龄时结束育雏。见图 5-3-1。

图5-3-1　集中育雏

三、放养与过渡

育雏结束后，鸭 7 ～ 10 日龄时，即可将鸭放入稻田。鸭子在放入稻田前，需设过渡期，使其有一个适应过程，熟悉栖息棚与稻田环境。具体可设初放区，让雏鸭先在初放区生活 1 ～ 2 d。简易棚和初放区相通，过 1 ～ 2 d 后即可打开初放区的围网，让鸭子到整个大田中去活动。

四、合理补料

雏鸭在育雏时以自由采食为主，放入稻田后应逐步减少喂料次数，并进一步强化条件反射，先发出喂料信号，再进行投料，做到定时补料。这有助于鸭子与主人之间建立良好的关系，有利于对鸭子进行管理。

补料应合理，切忌过量。一般刚放养 10 d 左右的雏鸭觅食能力差，可 1 d 投料 3 次，以满足早期鸭的生长发育需要。20 d 后改为早晚各投 1 次料。随着鸭子的生长，活动量和觅食量也在不断加大，稻田中的天然饵料已不能满足鸭子生长的需要，因此应该根据鸭的生长需要和稻田生物生长变化，及时调整补料量，一般补料量为鸭正常自由采食量的60%～70%。为增加稻田氮源和鸭的天然饵料，可在水稻活棵后放养绿萍。见图5-3-2。

图5-3-2　补料

五、稻田水层管理

鸭子属水禽，在稻间觅食、活动，因此田面一定要有水层。水层一般以3～5 cm深为宜，稻田丰产沟要深些，沟内始终保持10～15 cm深的水层，以便鸭子能在水中尽情地戏水和洗澡。总的来讲，稻鸭共生田水的管理模式是：栽秧后一直保持有水层，水稻分蘖末期不晒田，直至抽穗灌浆。通常在水稻收获前20 d左右才能排水晒田。

六、疫病综合防控技术

1.水稻病虫害防治

稻田间的害虫主要靠鸭捕食，并辅以高效的生物农药防治。在稻卷叶螟危害初期要用高效低毒农药防治，在三化螟危害期间可以用黑光灯防治。见图 5–3–3。

图5–3–3 生物防治水稻病虫害

2. 鸭病预防

结合实际制订科学的免疫程序，并在放鸭前完成免疫注射。免疫疾病主要有小鸭病毒性肝炎、传染性浆膜炎、禽流感、黄病毒等。推荐免疫程序见表 5–3–1，鸭病防治见图 5–3–4。

表 5–3–1 推荐免疫程序

免疫日龄	疫苗名称	使用方法
1 ～ 3	雏鸭病毒性肝炎弱毒苗	严格按照疫苗厂家提供的使用说明进行
7 ～ 10	鸭传染性浆膜炎、大肠杆菌二联灭活苗	
7 ～ 14	禽流感灭活苗	
15 ～ 20	鸭瘟弱毒苗	

图5-3-4　鸭病防治

七、鸭子出田

稻鸭共生 60 d 后，鸭 70 日龄时，水稻开始抽穗扬花并进入灌浆阶段，此时在稻田间的鸭喜欢啄食稻穗。一旦鸭子开始啄食稻穗，它们就不再寻找别的食物，将会严重影响水稻产量和稻米品质。因此，在灌浆初期要把鸭从稻田间赶出，根据鸭的用途进行育肥上市或育成产蛋。在水稻收获后仍可将鸭再次赶回稻田放养 10 ～ 20 d，此时不对鸭子进行补料或每天只补一次料，田里收割遗落的谷粒、杂草、田螺等均可以作为鸭子的补充饲料。夜晚可将母鸭赶至临时棚区产蛋，促进绿色食品的开发利用，提高经济效益。

第六章

鹅四季均衡繁育技术

第一节　概述

鹅作为人类驯化的一种家禽，它来自野生的鸿雁或灰雁。中国家鹅来自鸿雁，是鸟纲雁形目鸭科动物的一种。鹅是食草动物，其抗病力强、肉质鲜美，鹅养殖是中国传统特色产业。鹅肉是具有高蛋白、低脂肪、低胆固醇等特点的营养健康食品。中医认为，鹅肉具有养胃止渴、补气、解五脏之热、补阴益气、暖胃开津和缓解铅毒之功效。鹅肉及其副产品已成为我国各地餐桌上的美味佳肴。北方有铁锅炖大鹅等名菜，在广东潮汕人的饮食文化中有“无鹅不成宴”的传统。不过，由于鹅是一种季节性繁殖家禽，这种季节性繁殖符合鹅在驯化前的生存需要，而在人工饲养情况下，会导致在水草丰盛期的 7—10 月没有雏苗，错过了雏鹅成活率高且易于饲养的好时期，不能完全满足人们对鹅食品的需求。

在自然状态下，鹅产蛋季节是每年 9—10 月开始，持续到第二年 4—5 月结束。一般在每年 4 月后，母鹅产蛋量逐渐减少，畸形蛋增多，生产状态下降明显；公鹅则出现明显的配种能力下降，种蛋受精率低的情况。鹅四季均衡繁殖技术能有效改变鹅原有的生产季节，提高产蛋率、受精率，改变雏鹅的市场供需状况，使其不受季节变化的影响，更好地利用青饲料等自然资源，提高养鹅的经济效益，为鹅产业稳定、持续、健康发展起推动作用。

鹅四季均衡繁育技术是指在自然条件下种鹅不能繁殖的季节，通过人工调控光照、温度等环境因素，结合强制换羽等，让鹅在春季或夏季开产，使其高效地进行生产的一种技术。该技术要求在舍饲条件下进行，鹅经过长期的选育与驯化，能够较好地适应圈养环境。而处于露天或放牧或敞棚散养状态的鹅由于缺乏系统的选育和圈养训练，不适合此技术。

第二节　设施设备

以兴国灰鹅为例，主要在于鹅舍的设计建造上与常规鹅舍有所不同。

一、鹅舍的设计总要求

用于四季均衡繁育的鹅舍需要满足能够完全避光、降温和通风换气的要求。

二、鹅舍密闭遮光

与常规鹅舍相比，四季均衡繁育的鹅舍必须密闭避光，

门窗加用遮光材料并尽量密闭。通过排风扇对外排风，舍内空气能形成负压，与进风通道形成空气对流，提高通风降温除湿效果和有效排出氨气、硫化氢等有毒有害气体，达到兴国灰鹅正常生产的环境要求。特别要注意的是，鹅舍内不能有一丝外界光线射入，也不能在舍内观察到外面的光线。

三、通风通道

鹅舍左右方向设置进、出风口，进风口设置在净道方向，出风口设置在污道方向。

通风口离地面 30 ～ 70 cm，每隔 50 cm 留一个，尺寸为 40 cm × 40 cm。通风口用塑料网盖住，防止种鹅进入通道内。通风口向外延伸设置宽 40 cm、高 80 cm 的进、出风通道，通道都要根据场地实际情况迂回设置，不能直线进、出风（见图 6-2-1）。通道用红砖浆砌并用水泥砂浆粉刷密封，上面盖水泥板并尽量做到密封，以控制光线。

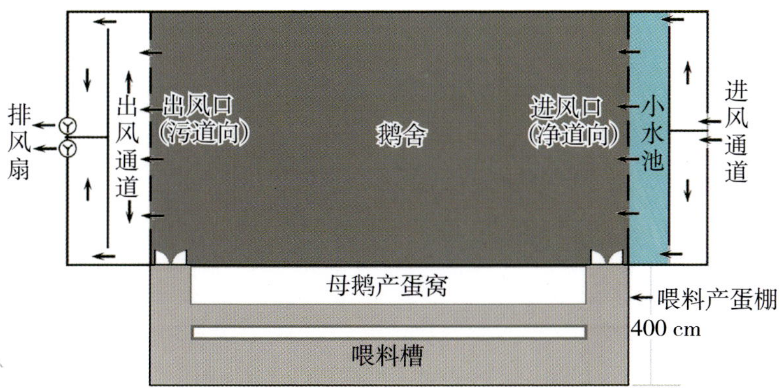

图6-2-1 四季均衡繁育鹅舍平面设计

1.进风通道建设要求

进风通道水泥板下铺垫隔热材料（如塑料泡沫）以隔热，并在通道内设置贮水池（设计上尽量增大水面面积，水深不作要求，只要保证随时有水就行。用浮球阀控制就更好）和两个外环境进风口（应尽量设置在阴凉无污染且无太阳暴晒的地方），以提高降温效果。

2.出风通道建设要求

出风通道设置两个外环境出风口，并在每个出风口各安装好负压风机（数量和功率大小视鹅舍空间大小而定）向外排风，风机周围用红砖和水泥砂浆密封。

四、舍内光照设计

根据兴国灰鹅的繁殖特性，产蛋前都是在长光照的夏秋季节自行换羽，进入秋末冬初正常换羽结束后，种鹅的采食量明显增大，通过大量摄取营养物质来恢复身体。经过一段时间恢复后即开始产蛋繁殖，进入正常繁殖季节。也就是说，兴国灰鹅是典型的短日照品种，繁殖季节性非常明显。根据兴国灰鹅的这一特性，舍内应当设计足够的人工光源，按照兴国灰鹅的繁殖特性来人为控制光照时间，实现兴国灰鹅在非繁殖季节进入正常产蛋，在正常繁殖季节也可人为控制其产蛋，确保兴国灰鹅产业四季均衡发展。

鹅舍内前后左右每间隔 2 m 安装一盏 40 W 的 LED 强光灯泡，灯泡离地面高度 1.8 m。安装时，每个灯泡都尽量用 PVC 水管等相对较硬的材料固定，防止灯泡摇摆。要根据鹅舍实际情况安装灯泡，确保鹅舍内无光照死角。

五、运动场和戏水池遮阳降温

夏秋季节正处于每年的高温时期，为防止种鹅在运动场休息时出现中暑，也为防止戏水池中的水在太阳下暴晒而致水温太高，导致公鹅性欲下降，影响种蛋受精率，在栏舍建设时，应该在运动场和小面积戏水池上安装遮阳网，上面再安装喷雾设施。遮阳网建议安装自动或人工升降装置，只在阳光毒辣、气温相对较高时遮阳，其他时间卷起遮阳网，确保运动场和戏水池每天都有一定时间在阳光下消毒和提高空气的新鲜度。如果种鹅戏水池是大面积的深水池（水深 1.5 m 以上），则可以不用在戏水池上面安装遮阳网。

六、产蛋窝和喂料场所设计

在鹅舍前面与运动场相连接处，搭建好种鹅喂料和母鹅产蛋的敞开棚。棚的背面是鹅舍墙壁，其余三面全部敞开。棚内靠鹅舍墙壁建设足够的产蛋窝，中间建喂料槽。

第三节 技术要点

一、光照

从 11 月开始，慢慢限料使种母鹅停止产蛋。11 下旬母鹅停止产蛋后，对种公鹅和种母鹅进行人工补光。在正式补光前 7 d，于每天凌晨 3 点左右开始进行人工光照预热，早上天亮后放出，持续 7 d。7 d 后于每天凌晨 1 点开始进行 18 h 的长光照。公鹅长光照 10 d 后不再长光照，母鹅长光照 40 d 左右视羽毛脱落情况停止长光照。每天的光照时间应相对固定。当母鹅产蛋后，再次进行短光照，天亮前将鹅群赶进鹅舍进行短光照处理（将门窗关闭，同时打开排风扇进行降温），使其光照时间每天 11 h，鹅群正常饲喂，一直延续到每天光照时间与正常产蛋季节相同时为止。

二、限料

限料与强光照处理同时进行。即从 11 月开始，对种鹅实行限料管理（以每天递减的方式使鹅停止产蛋）。停止产蛋后每天每羽鹅在固定的时间喂一次料，饲料量 0.125 kg（可以增加瘪谷甚至是谷壳等有饱感的粗纤维饲料）。控料期间鹅料盘尽可能地多放，并快速投料，保证每羽鹅都能均匀采食，此时母鹅体重会直线下降。公鹅在 20 d 强光照后进

行补饲。在人为控制下，强光照严重影响和缩短母鹅的休息时间，限料又促使母鹅的羽毛营养供应不足，从而实现人工强制换羽的目的。

三、换羽

公鹅可自然换羽或在光照结束后强制换羽。光照结束后就可对母鹅进行人工试拔毛，拔毛前先喂 2 d 电解多维添加剂或多种维生素和电解质的补充剂。如果拔毛还比较困难，则需继续进行光照处理和限料。如果大部分种鹅拔毛都比较容易，就开始进行人工拔毛处理。重点是拔除两侧主翼羽和尾部粗羽，两侧副翼羽看情况也可拔除。需要注意的是，拔毛后种鹅应再喂 2 d 电解多维添加剂或多种维生素和电解质的补充剂，以防止拔毛后出现应激。

四、补饲

从 12 月下旬开始，公、母鹅分开饲养。公鹅开始一天喂两餐并慢慢增加饲料量，饲喂量 7 d 后增加到每羽 125 g。从 2 月初开始，对拔毛后的母鹅慢慢增加饲喂量（每天分 2 次投喂），并增喂产蛋用的精饲料（按产蛋料、稻谷 3∶7 的比例配制），由少到多慢慢增加，约 7 d 后，保证每羽种鹅每天 125 g 饲料量。当拔毛处理后的种鹅新羽毛长出一半后，公、母鹅再合群饲养（合群饲养后每天喂 2 次，一直到产蛋），让公、母鹅在产蛋前能有足够的时间自由组合配对。

五、控光

兴国灰鹅属于短日照品种。有研究表明，在长日照的夏秋季节，采用短光照控制，可以显著提高兴国灰鹅的产蛋性能。因此，应该采取人为控制光照时间，以确保兴国灰鹅产蛋的稳定性。母鹅开始产蛋后，即开始在天亮前将鹅群赶入鹅舍进行黑暗处理，每天的光照时间保持在 11 h，直至生产繁殖期结束。

六、通风换气

只要将鹅群赶入鹅舍，就应第一时间开启排风扇，关闭门窗，让鹅舍内空气流通，以便通风换气和除湿降温。

第七章

鸭鹅新发疫病及防控技术

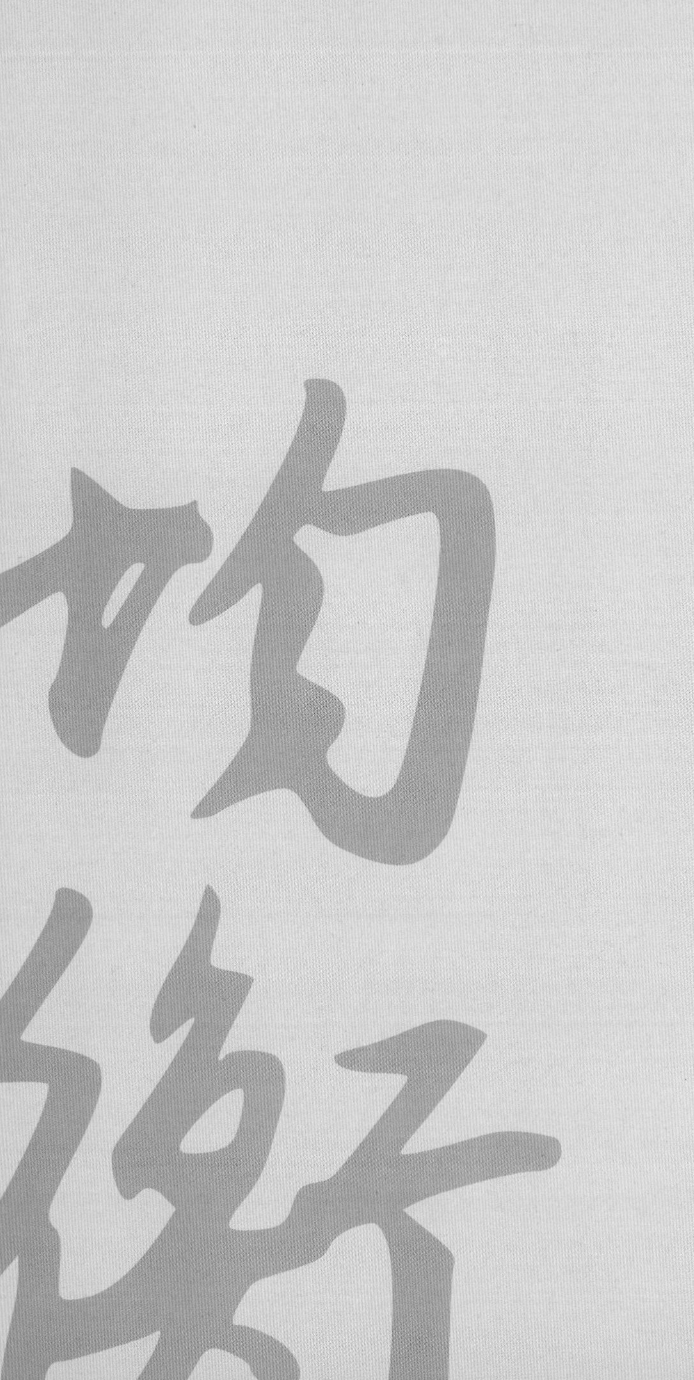

第一节 鸭鹅新发疫病概况

随着鸭鹅饲养量的增加和规模化、集约化程度的不断提高，以及各种贸易活动的日益频繁，鸭鹅疫病总体上呈现“老病未除、新病不断”的不良局面。

一、鸭鹅新发疫病以病原、病情等复杂多变为特征

近年来，鸭鹅疫病呈现出新发疫病增多的趋势，新增了鸭坦布苏病毒病、鸭新型细小病毒病（鸭短喙－侏儒综合征）、鸭新型呼肠孤病毒病、鸭圆环病毒病、水禽腺病毒病和鹅星状病毒病（雏鹅痛风病）等疫病，这些疫病大都通过消化道感染，主要侵害雏鸭、雏鹅，而且发病季节性不明显，继发性感染严重，病情复杂多变，这些因素给水禽疫病防控工作增加了难度。同时，由于病原复杂多变，缺乏良好预防用疫苗和治疗性药物，在非法劣质疫苗（自家苗）或卵黄抗体比较泛滥等错综复杂因素的影响下，导致当前防控新发疫病的有效方法较少。大量发病鸭鹅死亡，给鸭鹅养殖业带来了严重的经济损失，同时也造成了病原的污染、扩散和传播。

二、部分地区不科学的养殖方式增加了疫病防控的难度

近年来，鸭鹅产业逐步向组织化程度相对较高的“公司 + 基地 + 农户”模式和专业化合作社经营过渡，涌现出一些大型龙头企业带动的产业化模式，这些大型鸭鹅场普遍具有完善的防疫管理体系。但是，与肉鸡、蛋鸡的规模化养殖水平相比，我国鸭鹅的养殖方式仍然比较落后、粗放，没有形成统一的规范和标准，造成疫病的防控难度增大，对食品安全、水资源和环境构成了一定的污染和危害。一是我国水禽养殖仍有很多小规模分散饲养模式，养殖方式仍处于半开放或全开放式饲养阶段，很多肉鸭和肉鹅养殖仍采用开放式大棚圈养方式。鸭鹅虽然逐渐转向旱地围栏养殖或舍饲养殖，但是与发达国家全封闭的笼养网床养殖方式相比，我国网床养殖普及率还很低。二是有些鸭鹅养殖仍然沿用传统的水域放牧或半放牧养殖方式，不仅无法保证水禽饮水和采食安全，也严重污染了周边水域，同时同一水域可能承载多群来源不同的鸭鹅，为疫病扩散和蔓延，进而产生新的变异病毒创造了条件。在现有的养殖模式下，饲养密度大，环境脏乱，设施设备落后，套养混养现象普遍，都极易造成疫病感染和扩散。

三、鸭鹅专用商品化疫苗无法满足疫病防控的需要

由于病原广泛存在，疫苗免疫成为鸭鹅疫病防控的关

键。目前，我国鸭鹅专用商品化疫苗的数量和种类有限，仅有鸭瘟、鸭病毒性肝炎、番鸭细小病毒病、番鸭呼肠孤病毒病、小鹅瘟和鸭疫里默氏杆菌病等疫苗。其中，鸭病毒性肝炎只有针对鸭甲肝病毒Ⅰ型的疫苗，没有针对鸭甲肝病毒Ⅲ型的疫苗。禽类兼用疫苗主要有禽流感灭活疫苗、禽巴氏杆菌灭活疫苗等，但是鸭、鹅群的免疫效果明显低于鸡群，还有一些新疫病尚无商品化疫苗可用。

四、细菌性疾病对鸭鹅生产的影响仍需重视

近年来，随着“减抗、禁抗及无抗养殖”理念的提出，水禽细菌性疾病的感染以及细菌耐药性呈现逐渐增强的趋势。鸭疫里默氏杆菌感染、大肠杆菌病和沙门氏菌病是危害水禽养殖业的主要细菌病，在商品水禽场，这三种细菌病引起的病变颇为相似，需经细菌分离和鉴定才能加以鉴别。在种鸭场和种鹅场，大肠杆菌病的影响更为突出，常引起鸭鹅关节炎，影响产蛋率，并导致死淘率上升。耐药性的产生会影响药物的防治效果，因此改善环境卫生对鸭鹅细菌病的控制至关重要。

五、鸭鹅疫病混合感染现象日益增多

随着鸭圆环病毒、鸭新型呼肠孤病毒等免疫抑制性病毒感染宿主的扩大及流行的日益严重，养殖生产中鸭鹅疫病混合感染现象较为多见，共感问题更为复杂，鸭鹅疫苗免疫效果较以往下降。禽流感依然是危害鸭鹅业的主要疫病之一，规模化鸭鹅养殖场主要以 H5N6 亚型禽流感为主，H5N1、

H7N9 等亚型高致病性禽流感也偶有发生，给鸭鹅养殖业造成了严重损失。鸭鹅混合感染 H9N2 亚型低致病性禽流感也较普遍，一般不发病或呈现亚临床症状，病死率较低，但它为不同亚型禽流感病毒共感染及具有流行潜质的新亚型禽流感病毒的形成提供了良好的条件。在养殖业减抗、限抗和禁抗的高压态势下，由于替抗产品研发的滞后及其效果的不稳定等诸多原因，鸭鹅养殖生产中细菌病混合感染发生的情况会有所抬头，危害性会有所加大。

第二节　鸭鹅新发疫病防控技术

鸭鹅疫病防控要根据疫病发生规律，认真贯彻执行“预防为主”的方针，根据禽类传染病可防不易治的现实情况，采取切实有效的卫生、消毒和防疫针注射等综合性措施，最大限度地控制和减少危害水禽生产的常见病、多发病，以及某些恶性传染病的发生、流行及传播。

一、鸭短喙–侏儒综合征

自 2014 年以来，一种由新型鸭细小病毒引起的鸭病在国内部分鸭群中不断发生。病鸭主要表现为鸭喙萎缩、舌头肿胀脱出、跛行瘫痪、生长迟缓和侏儒症。根据发病临床特征将该病命名为鸭短喙 – 侏儒综合征。鸭短喙 – 侏儒综合征

又称鸭大舌头病，鸭子大舌头病分为嘴短型、舌长型，给鸭子的日常饮食与饮水造成不便，影响鸭子的生长发育。病鸭表现为嘴（上下喙）较短，鸭舌弯曲突出外翻（舌头露出来耷拉着），僵硬而不灵活，鸭嘴发生器质性病变后很难恢复，严重者影响采食。有的病鸭腿短，明显个体偏小，屠宰时煺毛容易断腿、断翅，鸭群大小不均匀，舌头变长，后期容易断腿 。

1.流行病学

本病发生主要在两个阶段：一是 3 ～ 13 日龄的鸭，主要症状为站立不稳，行走时双脚呈现“八字状”，向外叉开，走路不稳并出现翻滚，严重的可见跛行、瘫痪、腹泻等症状，出现一定的死亡率；二是 21 ～ 28 日龄的鸭，主要症状为行动障碍，走走停停，出现瘫痪或侧卧，死亡率较低。本病发生具有明显季节性，每年 10 月至第二年 5 月多发，呈现地区散发，如养鸭集中区域有一个养殖场发病后，会逐渐扩散至周围鸭场。樱桃谷鸭、番鸭、半番鸭、麻鸭，以及鹅均可感染。该病既可以水平传播，也可以垂直传播，传播速度较快，尤其是养殖场发病后再次饲养时发病率明显增加。病情见图 7–2–1。

图7-2-1　小鸭消化不良，水样腹泻

2.临床症状

病鸭最明显的症状是鸭喙变短，舌头外露下垂，俗称“长舌病”，影响鸭采食和饮水，导致病鸭生长发育迟缓，造成侏儒症的发生，比例达 30%，鸭群个体大小不一；鸭精神委顿、脚软、跛行、走路摇摆或瘫痪、不愿活动，容易出现骨质疏松，导致断腿、断翅，残鸭率较高，比例可达 60% 以上；部分鸭出现呼吸道和腹泻等症状。见图 7–2–2、图 7–2–3、图 7–2–4。

图7-2-2　感染鸭生长缓慢，形成侏儒鸭

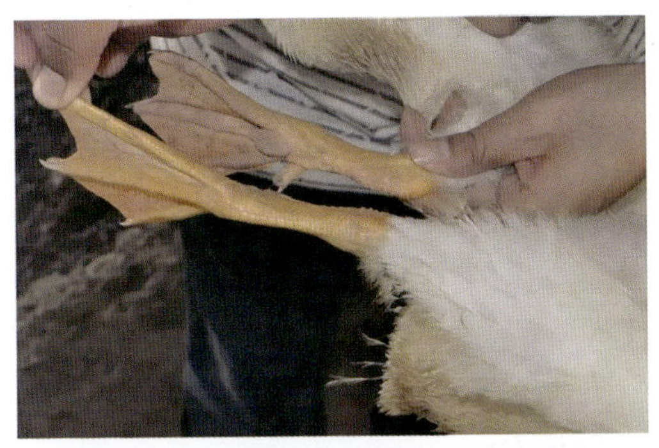

图7-2-3　感染鸭腿骨变短，骨脆易断

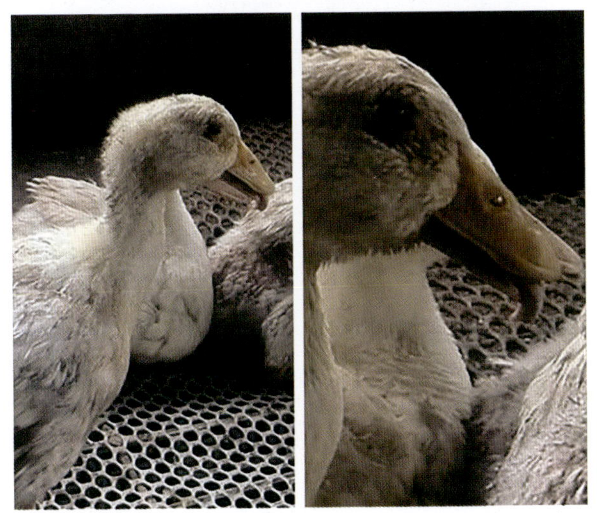

图7-2-4　感染鸭喙短，舌头露在外面

3.剖检变化

剖检可见鸭内脏器官多数无明显的特征性病理变化，只可见腿骨断裂和肠黏膜脱落、出血，严重者导致致密的黑色肠栓。部分病鸭心肝肺肾 、胰腺、胸腺等组织细胞肿大充血 、出血、变性及坏死。

4.诊断要点

根据流行病学、临床症状可作出初步诊断，实验室诊断该病可通过病毒分离和动物攻毒试验进行确诊，但耗时长、可行性差。由于新型鸭细小病毒与小鹅瘟病毒之间高度的基因序列相似性以及抗原交叉性，使常规 PCR 和血清学方法不能有效区分这两种病毒。基于 VP1 基因序列建立的 PCR 检测方法，能够特异性地检测新型鸭细小病毒。

5.防治措施

该病发生后，对症状轻微的病鸭可及时注射番鸭细小病毒病抗体或小鹅瘟高免卵黄抗体，注射剂量为 1.0 ～ 2.0 mL/ 羽。另外，可用中药双黄连、补充电解质特别是钙离子、增加维生素 D_3 用量等对症治疗。已经发生喙短、骨骼短粗的鸭无治疗价值。加强免疫是避免早期感染和传播该病的重要保护措施。为了避免垂直传播，种鸭场应对鸭群免疫、饲料饮水、环境卫生、疫病防控等各环节加强管理，采取综合生物安全防治措施，防止鸭群出现感染。疏于预防早期感染和垂直感染是导致该病发生的重要原因，所以种鸭场应加强对该病的预防。种鸭可在 40 ～ 50 日龄和 80 ～ 90 日龄接种鸭源细小病毒灭活苗或小鹅瘟番鸭细小病毒二联苗进行免疫。为了预防雏鸭发病，可在鸭苗 1 ～ 3 日龄注射鸭细小病毒疫苗或鸭细小病毒抗体。注射越早，防治效果越好。

二、新型鸭呼肠孤病毒病

番鸭呼肠孤病毒病俗称花肝病，也称番鸭呼肠孤病毒坏

死性肝炎，是一种由呼肠孤病毒引起的高发病率、高死亡率的急性病毒性传染病，也是近十年来发生于番鸭中的一种新的传染病。新型鸭呼肠孤病毒病是由一种有别于番鸭呼肠孤病毒的新型鸭源病毒引起的，可引起番鸭、半番鸭、麻鸭和北京鸭等水禽发病。临床上表现为肝脏不规则块状或斑状坏死、出血性混杂、法氏囊出血，以及脾脏不同程度坏死。由于呼肠孤病毒的基因组属于多节段 RNA，容易发生基因突变，出现新的致病毒株可能性大大增加，给水禽养殖业带来新的危害。

1.流行病学

新型鸭呼肠孤病毒病一年四季均能发生，天气炎热潮湿时发病率会上升。新型鸭呼肠孤病毒通过垂直传播方式和水平传播方式在诸多品系的鸭中传染，发病率较高。新型鸭呼肠孤病毒感染具有明显的鸭龄依赖性，28 日龄以内雏鸭易发，主要以肝脾组织出现坏死性病变为特征，导致免疫抑制，常引起继发感染或混合感染。新型鸭呼肠孤病毒感染会引起鸭出血性坏死性肝炎和雏鸭脾坏死症这两种症状，发病日龄相似，但患脾坏死症的雏鸭病程会略长于患出血性坏死性肝炎的雏鸭，其死亡率也高于患出血性坏死性肝炎的雏鸭。大多数成年鸭感染 NDRV 后无明显临床症状，但后期发现病鸭体重偏轻。由于其水平传播特性，病鸭感染后排毒十余天，其中第 3 天至第 6 天是排毒高峰期。

2.临床症状

病鸭的表现为精神沉郁萎靡、乏力，多蹲伏或挤堆，吃料减少或不食，羽毛凌乱无光泽，腹泻，排白色稀粪，少饮鸣叫，甚至出现倒头的现象。病程长短不一，一般为 2 ～ 14 d，发病后的 5 ～ 7 d 是死亡高峰期。14 日龄以内病鸭死亡率极高，能耐过的病鸭也会发育不良，生长发育变得十分迟缓，成为僵鸭，失去饲养价值。

3.剖检变化

剖检可见鸭肝脏略大，肝脏表面出现大量针尖大的白色坏死灶和大量出血点，质脆；脾脏肿大、斑块状坏死，脾脏出血；有的心脏出血，肾脏充血、出血，法氏囊出血。见图 7–2–5、图 7–2–6、图 7–2–7、图 7–2–8。

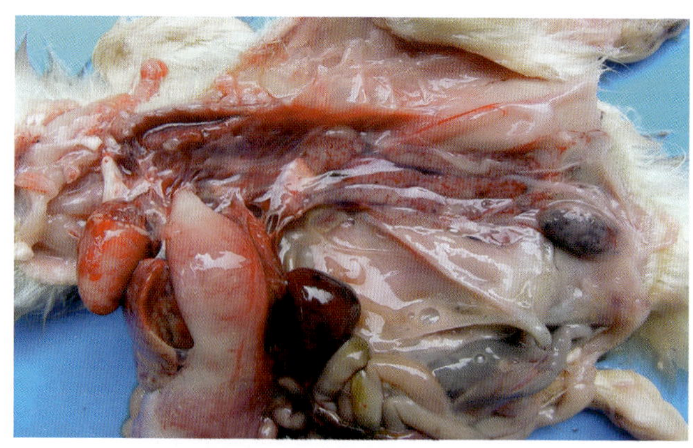

图7–2–5 感染鸭多脏器（心、肝、脾、肺、肾、法氏囊）广泛性坏死

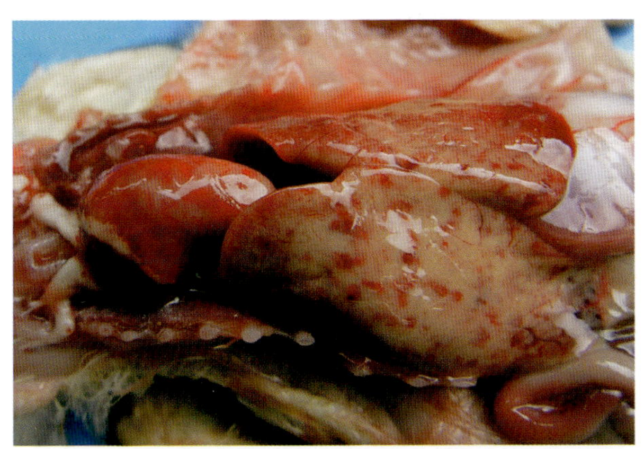

图7–2–6　感染鸭多脏器（心、肝、脾、肺、肾、法氏囊）

广泛性出血

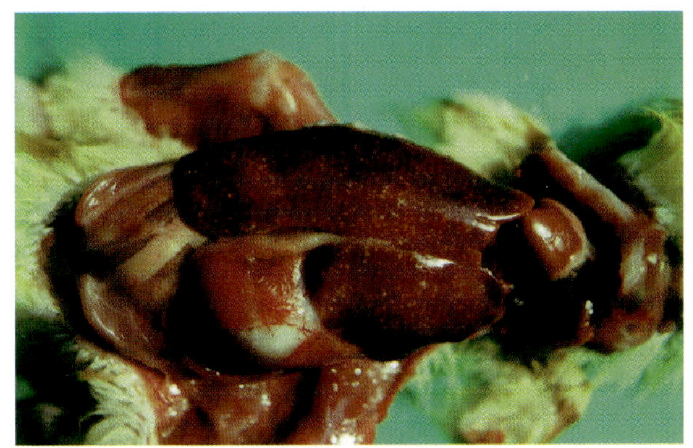

图7–2–7　感染鸭肝脏、胰腺、脾脏等脏器

出现大量白色坏死点

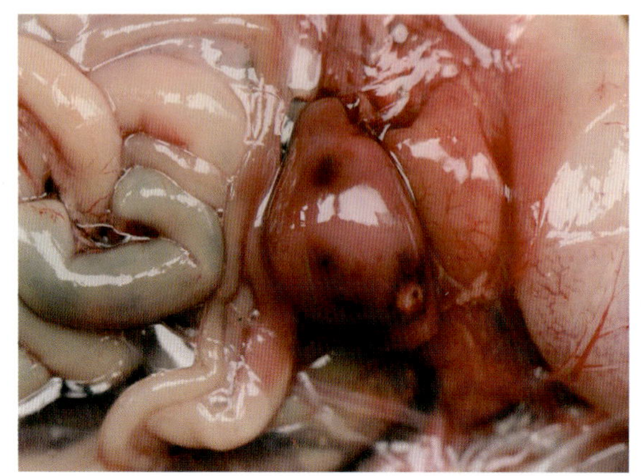

图7-2-8　感染鸭肝脏、脾脏等脏器同时出现坏死和出血

4.诊断要点

根据该病发病日龄小、发病急、死亡率高的流行病学特点，结合肝脏、脾脏、胰腺、肾脏有大小不一、灰白色坏死点的特征性病变，对病鸭进行剖检，查看各脏器是否有不同程度的病变且符合上述病理变化特征。再根据临床症状和剖检病理变化可以初步判断病鸭是否患有新型鸭呼肠孤病毒病，然后可通过实验室诊断方法结合动物回归试验、雏鸭的血清学保护试验确诊。

5.防治措施

本病流行或严重感染本病的地区，为了防止雏鸭自然感染该病毒，种母鸭必须在60日龄首免，产蛋前14 d进行二免雏番鸭呼肠孤病毒弱毒疫苗，120 d后再加强免疫1次。对于刚发病的雏鸭，应立即皮下注射番鸭呼肠孤病毒高免血清 1.0 ～ 1.2 mL/ 羽，或皮下注射抗雏番鸭细小病毒病高免卵黄抗体 1 ～ 2 mL/ 羽，同时配合广谱抗生素饮水或拌料，以防继发感染。抗生素对病毒无治疗作用，应用疫苗预防该病毒的侵袭是最为经济有效的做法，研制安全、高效的疫苗仍然是当前的研究重点。毕庄莉等用大肠杆菌原核表达系统和杆状病毒真核表达系统分别表达了 NDRV（NDRV TH11 株）σC 蛋白，获得的蛋白具有良好的免疫原性。应用杆状病毒表达的 σ 蛋白制备疫苗，免疫 7 日龄雏鸭，免疫 14 d 后使用 NDRV 强毒进行攻击，发现免疫组得到良好的保护性，保护率可达 70%。该蛋白可为后期研制有效的新型鸭呼肠孤病毒病疫苗提供基础。

三、雏鹅痛风病（鹅星状病毒病）

雏鹅痛风病是由新型鹅星状病毒引起的一种以雏鹅的心包、肾脏、肝脏等内脏及关节出现大量尿酸沉积为主要特征的急性传染性疾病。该病主要发生于 5 ～ 20 日龄的雏鹅，感染的雏鹅出现精神沉郁、食欲减退、消瘦、四肢瘫痪等症状，严重者死亡，且死亡率高达 30%。有研究表明，该病在不同品种、不同饲养方式的种鹅群中均有发生。2015 年我国安徽省首先发现了该病，截至 2018 年，该病已迅速蔓延至全国的大部分地区。

1.流行病学

鹅星状病毒具有广泛的组织嗜性，病死雏鹅的肾脏、心脏、大脑、肝脏等均可分离出病毒。其传播途径主要是经过消化道感染，即通过粪—口途径传播，其中被星状病毒污染的水源、食物均可成为传染源，为其他物种的潜在感染和病毒的跨宿主传播提供有利条件。雏鹅痛风的发生无明显季节性，空气温度湿度偏高、雏鹅抵抗力低下、饲养环境差、饲养管理不当等，都会给病毒的传播提供非常有利的条件。大量研究表明，鹅星状病毒除了通过粪—口途径传播以外，还可以通过直接接触传播和间接接触传播。

2.临床症状

雏鹅感染鹅星状病毒后，病雏会出现精神不振，羽毛松乱，行动迟缓，消瘦，排灰白色水样粪便并污染肛门附近的羽毛，但食欲相对正常。发病后期病鹅食欲减退渐至废绝，关节肿胀、跛行、卧地不起、不愿走动，部分病鹅会出现单脚站立或呈现蹲姿、喙部尿酸盐沉积、蹼苍白等症状，最终因机能衰竭而死亡。病程持续 3 ～ 7 d。见图 7-2-9、图 7-2-10。

图7-2-9　感染鹅精神萎靡，拉白色稀粪

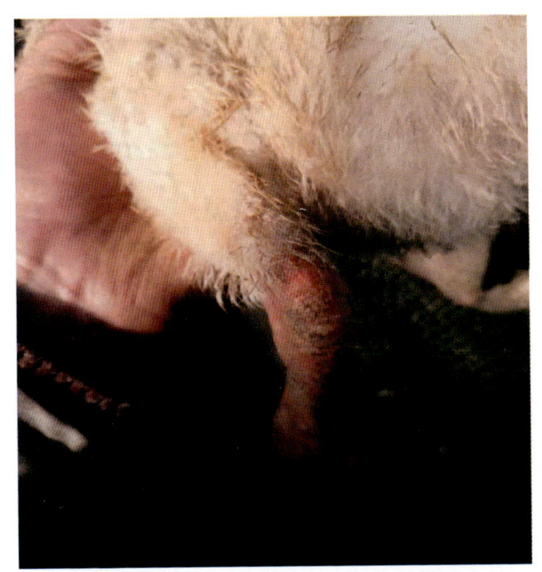

图7-2-10　感染鹅关节肿大、跛行

3.剖检变化

鹅星状病毒具有广泛组织嗜性，导致病雏体内多组织器官病变，剖检可见心脏和肝脏表面被大量白色的尿酸盐渗出物所覆盖，肝脏肿大、瘀血，心包、气囊上有豆腐渣样尿酸盐沉着，肾脏肿大，色泽变淡，在表面沉积白色斑点状尿酸盐，输尿管集聚过多的尿酸盐而发生阻塞，明显肿胀变粗。部分病死鹅脾脏、肝脏、肾脏、肠系膜等表面覆盖一层白色薄膜，颈部皮下、腿部肌肉及腿部关节腔中出现点状或者片状尿酸盐沉积。见图 7-2-11、图 7-2-12。

图7-2-11　感染鹅肝脏、心脏表面出现大量尿酸盐沉积

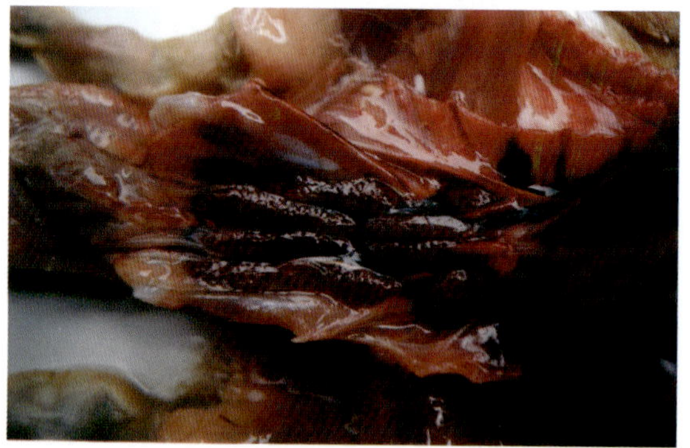

图7-2-12　感染鹅肾脏肿大、出血，输尿管肿大

4.诊断要点

根据病因、病史、特征性症状和剖检变化可作出初步诊断是否为雏鹅痛风病。雏鹅痛风病虽然难以根据流行病学、临床症状、病理变化确定其病因，但引起雏鹅痛风的因素大多是饲养管理条件差、钙磷比例失衡、维生素 A 缺乏、病毒感染、寄生虫感染。若需确定雏鹅痛风的病因，还需要通过实验室进行进一步的诊断。目前实验室的诊断方法包括电镜法、病毒分离鉴定和血清学试验、分子生物学诊断等。

5.防治措施

由于该病暂无疫苗和特效药物治疗，防控雏鹅痛风病主要依靠及早发现、及早扑灭，坚持以预防为主的措施。各养殖场应采取封闭式的管理模式，完善防疫流程，实施全进全出制度。由于鹅星状病毒主要通过消化道、生殖道传播，因此养殖户应保证鹅群饲养环境干净卫生，定期消毒，及时对粪便进行清理，同时加强精细化管理。鹅场需要定期通风换气，加速空气流通，防止氨气、硫化氢等有害气体累积，以免降低雏鹅抵抗力。鹅场进出通道口要有消毒设施，对进出的车辆进行消毒，外来人员需经消毒隔离方可进入养殖场，避免外界的病原体进入养殖场，从源头上切断传染源。提高雏鹅的抗病能力，根据鹅生长各阶段营养需求合理调整饲料搭配，确保饲料营养全面。为防止雏鹅痛风病的发生，不随意提高饲料中蛋白质和钙的含量，确保雏鹅能及时排出尿酸等蛋白代谢产物，避免其在体内的积累。要控制好矿物质和维生素的水平，同时确保饮用水充足，不饲喂霉变饲料，尽可能提高青绿饲料在饲喂料中的占比。饲养密度要合理，保证雏鹅有一定的活动空间。要合理加强雏鹅运动，保证雏鹅每天有充足的运动量，以增强雏鹅体质，提高雏鹅对疾病的抵抗力。要制订隔离措施，降低疾病传播风险。若发现疑似病例，应及时进行严格的消毒隔离，并限制人员进出鹅舍，以防止疫病向外传播扩散。要对鹅场的墙壁、地面、料线、水线等设施设备进行消毒，对所有的垃圾和粪便都应进行无害化处理，做到从根源上切断传播途径。对发病雏鹅采取对症治疗的方案，可在饲料和水中添加小苏打和电解多维，加速鹅体内尿酸盐的代谢和排出，同时使用保肝护肾的药物对鹅进行调理。

四、鸭坦布苏病毒病

自 2010 年 4 月以来，江苏、浙江、安徽、山东、福建、江西等省的鸭群相继暴发了一种新的疫病，造成种鸭和蛋鸭产蛋量大幅降低甚至停产，给我国养鸭业造成了重大的经济损失。我国相关研究人员对病原进行分离、形态学观察、理化特性测定、RT-PCR 检测及序列分析，明确该病病原为黄病毒科的一个新成员。该病病原属于黄病毒科黄病毒属蚊媒病毒的恩塔亚病毒群，和坦布苏病毒亲缘关系最近，为该病毒的一个分离株，故将该病称为鸭坦布苏病毒病。

1.流行病学

该病以流行范围广、传播速度快、发病急、发病率高、

死亡率较低为主要特征。几乎可引起鸭群中100%个体感染和发病。发病率和死亡率与发病季节、养殖场的饲养管理水平有关。部分养殖场的青年鸭和雏鸭发病后，死亡率较高，可达20%。

2.临床症状

临床通常表现为急性发热，减食，产蛋量下降，腹泻，瘫痪。病程：产蛋鸭为10～14 d，小鸭为7～10 d。鸭群感染初期，吃料减少，发病高峰时废食，持续3～4 d后采食量才逐渐增加；之后产蛋病鸭产蛋量急剧下降，可以在4～5 d内从90%减少至10%以下。发病后鸭只体温升高至42～43 ℃，精神沉郁，不愿活动，排绿色或白绿色稀粪；后期个别病鸭翅膀下垂，两脚瘫痪、向后伸展。见图7-2-13。

图7-2-13　感染肉鸭瘫痪、无法站立

3.剖检变化

剖检发病鸭，病变部位主要发生在卵巢、卵泡，表现为卵泡严重充血、出血、萎缩，有的形成筋膜。其他脏器无肉眼可见的病变。部分鸭盲肠内容物呈现污绿色，偶见胰腺出血和坏死。小鸭则表现为心冠出血，大部分脑膜出血水肿、眼结膜出血，少部分有心包、肝包、气囊纤维素性包膜等，这可能与感染其他疾病有关。见图 7–2–14、图 7–2–15、图 7–2–16。

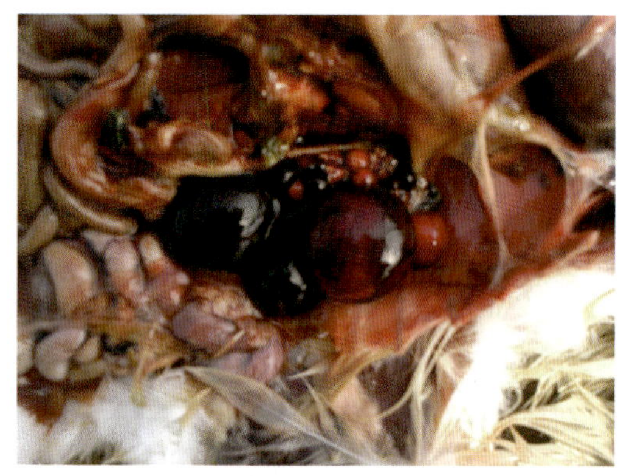

图7–2–14　感染蛋鸭卵泡严重出血，呈紫葡萄串样

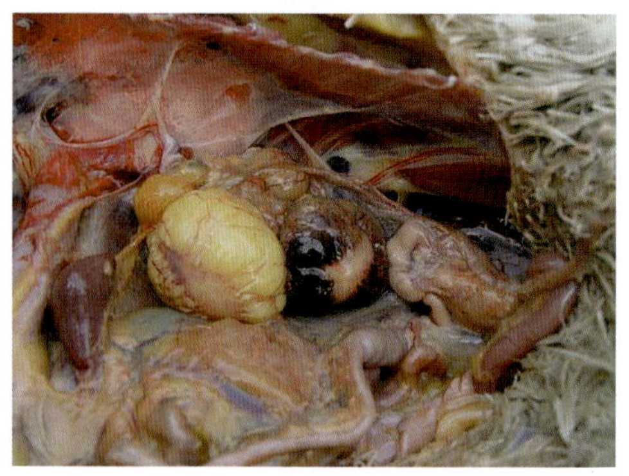

图7–2–15　感染鸭卵泡出血变黑、萎缩，形成筋膜

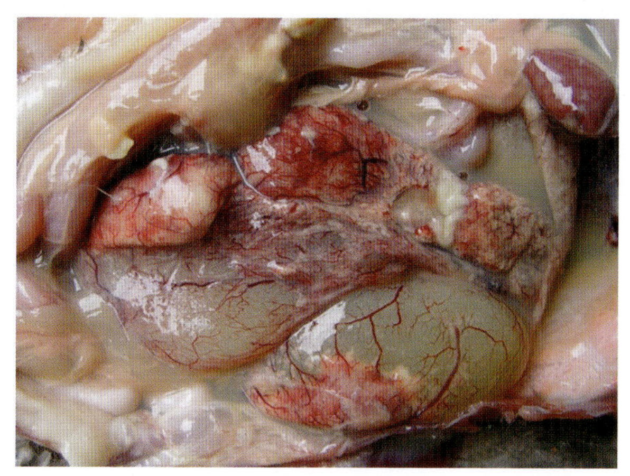

图7-2-16　感染鸭卵泡内卵黄液化、卵泡破裂
（液化卵黄溢于腹腔）

4.诊断要点

一般从临床症状和剖检病变部位可作出初步的判断，但确诊还是需要实验室诊断。鸭坦布苏病毒病的实验室诊断主要是病毒分离和鉴定，以及分子生物学检测方法。病毒分离和鉴定是鸭坦布苏病毒的传统检测方法。可从病鸭的卵泡膜、脑、脾脏、肝脏等病变组织中分离病毒，其中卵泡膜中最易分离和检测到病毒。鸭坦布苏病毒的分子生物学检测方法主要有 RT–PCR、TaqMan 探针荧光定量 PCR 方法、半套式 PCR 检测方法、RT–LAMP、地高辛标记探针检测方法。其中，RT–PCR 方法可直接检测鸭病变组织中的鸭坦布苏病毒，且敏感性高、特异性好。

5.防治措施

鸭坦布苏病毒属于蚊媒病毒，在日常养殖工作中必须做好杀虫、灭鼠、控制飞鸟的工作。夏、秋季节养殖场蚊虫滋生，更要做好驱蚊、灭蚊工作。同时，在养殖场周围要保持环境干净整洁，污水、垃圾以及卫生死角等要及时彻底清除。要加强饲养管理，做好卫生消毒工作，积极完善鸭场的生物安全措施，饲喂营养全面的配合饲料，提高鸭群的抵抗力，努力把疫病阻挡在鸭场之外。一旦发病，就要立即采取隔离消毒措施，并及时予以治疗。早期可用抗病毒中草药（如双黄连口服液等），并配合抗生素防止继发感染。另外，加喂黄芪多糖、复合多维等提高鸭群的免疫力和抵抗力，可控制病情的发展。按上述治疗方案，对鸭坦布苏病毒感染鸭群进行治疗，一般 3 ～ 5 d 后可控制死亡，采食量可以明显回升。但产蛋率恢复较慢，难以恢复到发病前的水平。

接种疫苗是控制该病最有效的措施。接种疫苗虽不能有效控制疾病初期对产蛋量下降的影响，但是免疫过的鸭群死亡率较低，且卵巢能提前恢复正常，说明疫苗在增强鸭群抵抗病毒能力方面有一定效果。建议使用鸭坦布苏病毒弱毒疫苗（WF100 株），它具有安全、免疫效果好、免疫副反应小、免疫次数少、可紧急免疫接种等优点。种鸭开产前间隔 2 ～ 3 周免疫 2 次活疫苗，青年蛋鸭开产前 1 个月集中免疫 1 ～ 2 次。疫情严重地区，雏鸭在 5 ～ 7 日龄接种 1 次油佐剂灭活疫苗，3 周后具有良好的保护作用。

五、鸭圆环病毒病

鸭圆环病毒病是由鸭圆环病毒引起的一种鸭传染性疾

病，各日龄和品种的鸭均可感染。病鸭出现羽毛发育不良、生长迟缓、呼吸困难、体重减轻和贫血等症状。鸭圆环病毒通过侵害鸭的免疫系统而引起免疫抑制，降低鸭机体的免疫功能，使被感染的鸭更容易受到其他病原微生物的侵害，导致鸭群的死亡率提高。

1.流行病学

鸭圆环病毒的感染比较普遍，各品种的鸭、鹅均可感染，但主要感染鸭。鸭圆环病毒感染情况随着鸭日龄的增加而逐渐减少，在山东、江苏、四川、福建、广东等省都出现了鸭圆环病毒感染的情况，且山东、江苏和福建的鸭圆环病毒感染率较高。鸭感染鸭圆环病毒后会引起发育不良，羽毛凌乱，呼吸困难，贫血，消瘦明显，剖检可见胸腺、卵巢和脾脏萎缩，据此可以作为临床诊断的依据。感染鸭圆环病毒的病鸭法氏囊淋巴细胞受损，淋巴细胞减少，出现淋巴组织坏死，引起免疫抑制，对各种疫苗免疫应答效力降低，诱发免疫失败，常常发生细菌和病毒的继发感染和混合感染。

2.临床症状

鸭圆环病毒会侵害鸭只的内脏器官，鸭群在患病后容易出现精神萎靡、活动力下降等症状，这是由于鸭群免疫力不足而导致的。同时，鸭圆环病毒还会直接损伤鸭只的免疫系统，抑制其免疫机能的发挥，进而诱发大肠杆菌病、鸭疫里默氏杆菌病，以及病毒性肝炎等疾病。鸭圆环病毒具有防治难度大、传播速度快等特点，容易在养殖场内呈现隐性传播，造成大量鸭群感染。同时，由于该病会影响鸭群的免疫机能，进而与短喙－侏儒综合征混合感染，形成毛刺鸭。鸭群出现混合感染后，死亡率更高，尤其是对于雏鸭，死亡时伴有身体僵直、全身抽搐等症状。在感染鸭圆环病毒后，病鸭会出现突发性掉毛、羽毛粗糙凌乱等症状。见图 7–2–17。

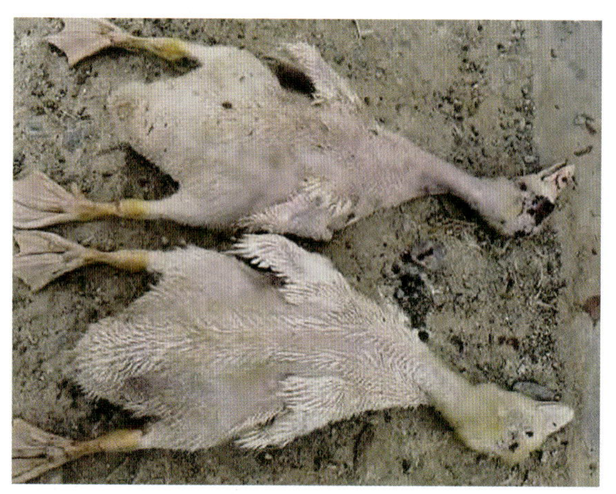

图7–2–17　感染鸭形成毛刺，死后身体僵直

3.剖检变化

在感染鸭圆环病毒后，鸭只的组织器官和内脏器官受到侵害，随着病毒的扩散和加剧，病鸭开始出现器官病变以及组织肿大等症状。感染鸭圆环病毒的病鸭，会出现贫血及呼吸困难等症状，病毒会影响病鸭的呼吸道和气管功能，进而出现呼吸困难。而当病鸭无法正常呼吸和进食后，则会伴随出现贫血症状。见图 7–2–18。

图7-2-18　感染鸭心、肝、脾脏等器官肿大

4.诊断要点

对病鸭首先进行临床观察和检测，一般病鸭表现为羽毛凌乱、异常脱羽、呼吸困难、生长异常等现象。同时，可结合病鸭的临床表现进行观察，做好记录，为后续诊断打好基础。采用荧光定量 PCR 检测，并对试验结果进行分析，进而得出诊断结论。这种诊断方式灵敏度较高，速度快，较为简洁，但容易因实验环境或流程等影响导致假阳性现象。如采用多重 PCR 检测技术，则能进一步优化实验条件以及诊断条件，可有效降低检测过程中可能存在的假阳性。

5.防控措施

鸭圆环病毒的防控应该以预防为主。目前，鸭圆环病毒还没有商品化疫苗，预防本病的关键是做好养殖场的环境卫生，加强饲养管理。广大养殖户应该提高对本病的认识，一旦鸭群出现不明原因的消瘦现象，就应引起足够重视。在引种时要做好病原检测，禁止到疫区引种；发现病鸭要及时隔离并检测确诊病原；要加强饲料营养，饲喂营养全面的饲料；养殖密度不宜过大，保持鸭舍的温度和湿度适宜，保证通风良好，为鸭群提供舒适的生活场所。鸭圆环病毒的传播和流行机制尚不明确，可能存在水平传播和垂直传播情况，所以病鸭所产的鸭蛋都不能留作种用。鸭场要注重提高鸭群的抵抗力，对病鸭要及时隔离，有条件的养殖场可以进行鸭圆环病毒血清筛查，发现抗体阳性的鸭要及时淘汰。

六、鸭腺病毒病

鸭腺病毒病在世界范围内广泛流行，已成为家禽的一种常见传染病，临床上常见的鸭病还有安卡拉病、包涵体肝炎等类型。2014 年，广东省暴发了以肝脏苍白为特征的番鸭“白肝病”；2017 年，江苏、山东、河北等省暴发了鸭腺病毒病血清 4 型，引起鸭安卡拉病，即肝炎 – 心包积液综合征。近年来，由于疫苗的使用，鸭腺病毒病发病率虽有所降低，但部分地区仍时有发病，临床病例大多为非典型，不同血清型混感或与其他病原混合感染，或出现继发感染，导致临床诊断困难，给养殖户带来了较大的经济损失。秋、冬季，天气慢慢变冷，昼夜温差较大，鸭腺病毒发病有增多趋势。

1.流行病学

腺病毒分为 I、II、III 群。最常发生的是 I 群和 III 群疫病，包涵体肝炎、安卡拉病都属于 I 群。腺病毒共有 14 个血清型，I 群主要流行的有 7 个血清型，分别是 2、4、6、7、8、9、11 型。肝炎 – 心包积液综合征主要由血清 4 型、血清 8 型、血清 11 型引起，“番鸭白肝病”由血清 2 型引起；几乎所有的血清型均可引起包涵体肝炎，尤其是血清 6 型、血清 7 型、血清 8 型。血清 1 型主要引起肌胃糜烂。该病一年四季均能发生，夏秋季节多发，主要发生在 21 ～ 35 日龄的肉鸭上，其特征为无明显征兆而突然倒地，两脚划空，数分钟内死亡。发病鸭群多于 21 日龄开始出现死亡，28 ～ 35 日龄达到死亡高峰，高峰期持续 4 ～ 8 d，36 ～ 42 日龄时死亡减少。整个病程为 8 ～ 15 d，死亡率为 20% ～ 75%，最高可达 80%。腺病毒主要存在于鸭的眼、上呼吸道及消化道，通过种蛋、鸭胚垂直传播，也可通过粪便、飞沫水平传播。

2.临床症状

病鸭常无明显症状，仅见于精神委顿，瘫痪，头颈震颤，高温，短时间内死亡。有的病鸭排黄绿色稀便，缩头弓背，食欲正常或略减少，个别有软脚表现，排黄白色稀粪。出现症状的病鸭，一般会于第 2 天死亡。随着病情的发展，发病率和病死率日趋升高。

3.剖检变化

病理解剖可见病鸭肝脏松软肿大并伴有出血斑，心包明显可见淡黄澄清的积液，其他还有气管出血和肺脏出血、水肿、呈紫黑色，以及皮下脂肪出血、肾脏肿大出血、肠道出血等。见图 7-2-19、图 7-2-20、图 7-2-21、图 7-2-22。

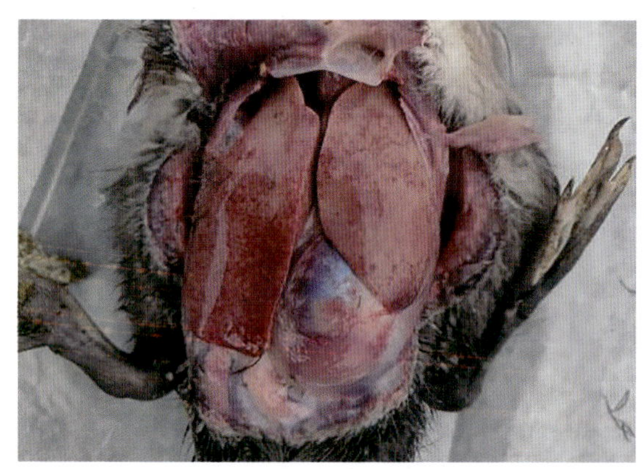

图7-2-19 感染鸭肝脏肿大、出血

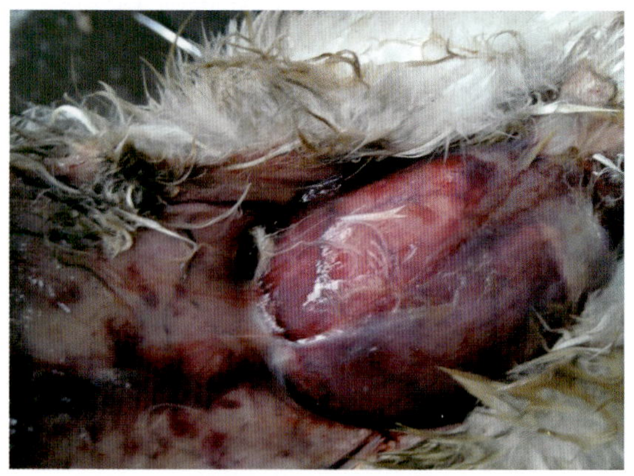

图7-2-20 感染鸭皮下脂肪出血，肺脏出血、水肿、呈紫黑色

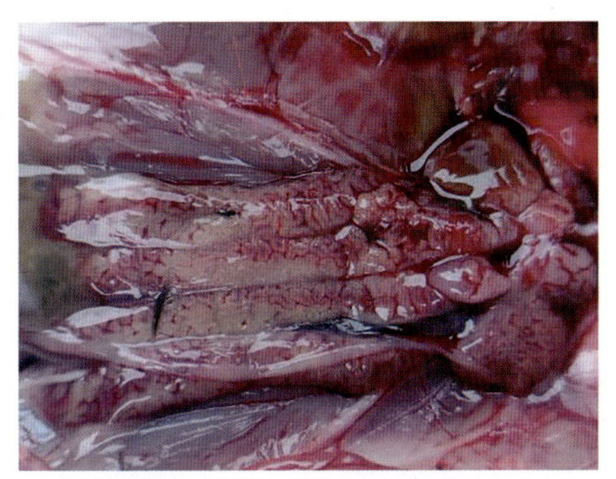

图7-2-21 感染鸭肾脏肿大

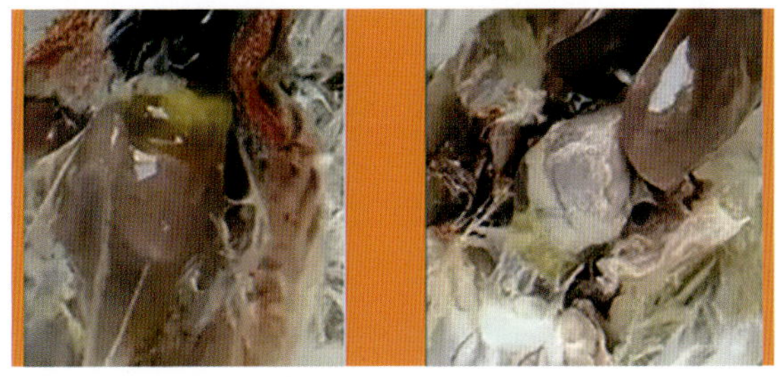

图7-2-22 感染鸭心包增厚，心包充满胶冻样黄色液体

4.诊断要点

根据鸭腺病毒病典型病变心包积液和肝炎的症状做初步诊断，要确诊的话还要借助实验室检测，包括病毒分离培养、琼扩试验、PCR 测序检测等。

5.防治措施

养殖场区应做好生物安全措施，严格控制雏鸭的引进渠道，不从有流行病传播的地区引进雏鸭；设置生产区和隔离区，对于已经发病的鸭只应及时隔离，避免疫病更大范围流行；对于病死鸭，应及时进行无害化处理。养殖场区可使用戊二醛、甲醛等醛类消毒剂消毒，效果明显。人员、器具消毒管理要严格，做好鸭粪便管理工作，全进全出，避免疾病的水平传播。

腺病毒有良好的免疫原性，只要科学接种，定期检测抗体水平，就可以产生很好的预防效果。雏鸭应于 6 ～ 8 日龄接种灭活疫苗，种鸭应在生产前 30 d 和 15 d 分别接种灭活疫苗。通过接种对应病毒型的高免血清或高免卵黄抗体，可治疗已经发病的鸭只。

感染腺病毒的鸭子往往会导致免疫力下降，出现其他部位感染，此时可使用非甾体抗炎药或头孢菌素治疗，但应控制使用次数，以免增加鸭的肝脏负担，对腺病毒病的治疗产生不利影响。同时，可补充维生素，增强病鸭体质。除此之外，也可用中药辅助治疗，如板蓝根颗粒、麻杏石甘口服液等在临床上被广泛地用于治疗腺病毒引起的表证，可以起到清热解毒、消炎抗菌的功效，治疗效果比较突出。

七、鸭疫里默氏杆菌病

鸭疫里默氏杆菌病又称鸭传染性浆膜炎，是由鸭疫里默氏杆菌引起的一种急性或慢性败血性传染病。本病在我国各地常有发生流行，已成为危害我国肉鸭养殖业极为严重的传染病。

1.流行病学

本病主要侵害小鸭，小鹅、小番鸭等禽类也会感染发病。发病日龄从几日龄到100多日龄，但大多数在15～60日龄发病；本病一年四季均会发生，但冬、春季为多发季节；本病主要通过呼吸道、饲料和饮水、损伤的皮肤，尤其是脚垫的损伤感染，还可通过种蛋传播，属蛋传递性疾病。因此，购进鸭苗时应了解种鸭群是否有本病发生史。

2.临床症状

本病临床上可见的症状主要表现为病鸭昏睡、腿软、不愿走动，缩颈或以喙触地，不食或减食，轻度咳嗽、打喷嚏，眼和鼻孔有浆液性或黏液性分泌物，并常使眼睛周围的羽毛黏结而形成眼镜框样的湿圈（俗称为“眼圈”），时间稍长后还可见眼睛周围的羽毛脱落。病鸭拉白色或黄绿色稀粪，濒死前出现神经症状，全身发抖，头颈震颤，倒向一侧，两脚前后划动，最后痉挛而死。慢性经过的病例，主要表现为精神沉郁、腿软、痉挛性点头运动或摇头摆尾。本病耐过的鸭多成为僵鸭或残鸭。见图7-2-23。

图7-2-23　感染鸭出现软脚、瘫痪、扭脖子等神经症状

3.剖检变化

本病特征性的病变是纤维素性心包炎、肝周炎及心囊炎，所以俗称“三包病”。此外，本病也常见肝、脾肿大，质脆，肝呈土黄色或棕红色，脾呈红灰色、斑驳状。病程稍长者，可见气囊膜增厚、混浊，有干酪样物。有神经症状的鸭，通常会见到脑膜炎、脑膜及脑实质的血管明显充血；少数病例的鸭也可见到纤维素性脑膜炎，并在脑室中有大量的渗出物。见图 7–2–24、图 7–2–25、图 7–2–26。

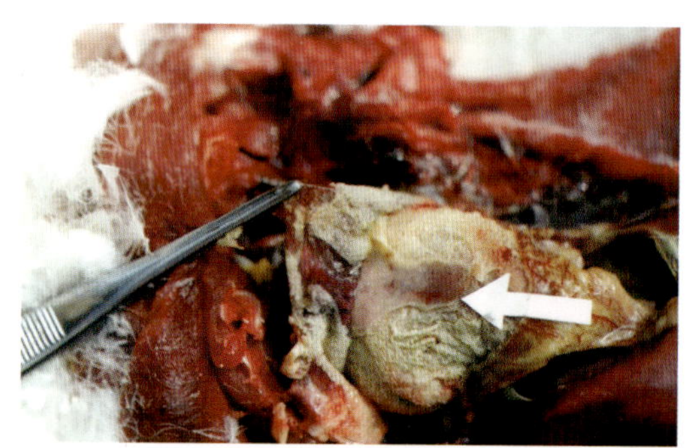

图7–2–24　感染鸭心包增厚，纤维性渗出

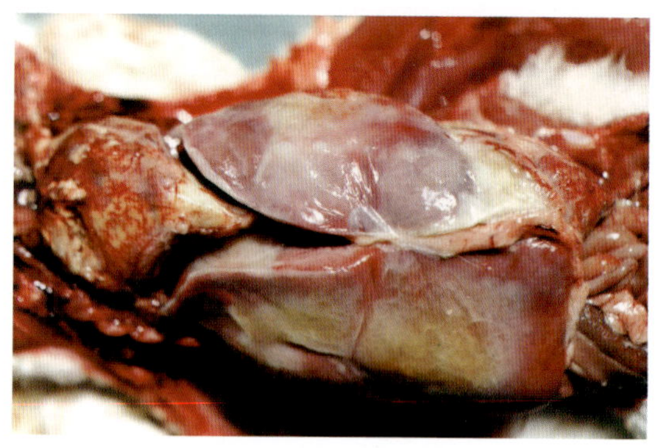

图7–2–25　感染鸭出现肝周炎，肝肿大

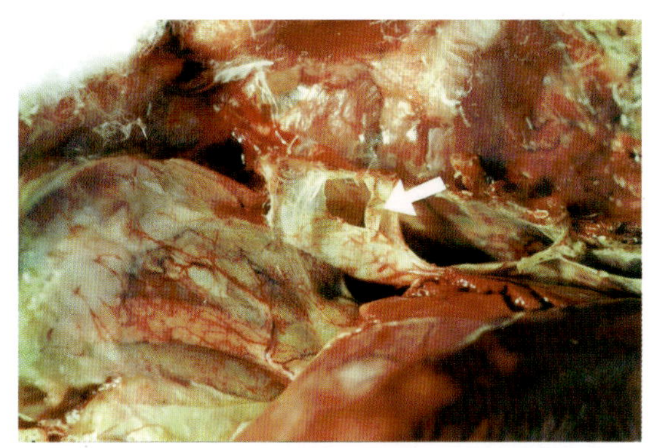

图7-2-26　感染鸭出现气囊炎，纤维性渗出

4.诊断要点

根据临床症状和剖检病变，一般可对本病作出初步的诊断。但应注意本病易与其他病并发，特别是并发大肠杆菌病，有时还与小鸭病毒性肝炎、鸭瘟并发，所以应特别注意是否有并发症。确诊需要对病料进行细菌分离培养、瑞士染色镜检，或者采用环介导等温扩增法进行快速诊断。

5.防治措施

防治本病的重点是做好预防工作，改善鸭场的饲养管理和卫生条件，做好雏鸭的防寒保暖工作，建立合理完善的消毒制度和防疫制度。对本病的治疗一般采用抗菌药物，目前效果较好的药物有红霉素、氟苯尼考、利福平、氧氟沙星、头孢噻呋钠、丁胺卡那毒素、新霉素等。但鸭疫里默氏杆菌易产生耐药性，所以有条件的鸭场最好在做药敏试验的情况下，选择高敏药物进行治疗，以保证疗效。鸭疫里默氏杆菌血清型较多，选择疫苗防疫本病时应选择多价苗，一般

3～5日龄首免，7～14 d后二免。

八、鸭腹水综合征

鸭腹水综合征是遗传、饲养环境及营养等多种因素引起的一种鸭综合征，肉鸭、种鸭均可发生。本病的主要特征是腹腔积液、腹围下垂。

1.发病原因

一是饲料原料发霉、成品料贮存不当发霉，产生大量的霉菌毒素；二是大肠杆菌、分枝杆菌等产生大量的细菌毒素，引起鸭肝硬化；三是药物慢性中毒，引起鸭肝脏的损害；四是环境中缺氧，使鸭肺动脉压升高，导致右心室衰竭和腹腔积液。

2.临床症状

病鸭精神不振，食欲减退，生长缓慢，羽毛蓬乱。病初症状不明显，后期腹部膨大，腹部皮肤变薄发亮，外观呈黑色的较多，触及有波动感；喜卧，不愿活动，走动时似企鹅。严重时呼吸困难，皮肤发绀，突然倒地死亡。

3.剖检变化

解剖可见腹腔内有大量浅黄色液体，腹水中混有纤维素凝块，肝脏肿大，个别萎缩，质地变脆；心脏肿大、柔软，心包膜增厚，心壁变薄，右心室极度扩张，心包积液，肺瘀血或水肿；病鸭死后全身明显瘀血；肝缩小或肿大，边缘钝圆，表面有一层胶冻样物质；肾肿大、充血，并有尿酸盐沉积；肺水肿；脾萎缩；肠壁充血。见图 7–2–27、图 7–2–28、图 7–2–29、图 7–2–30。

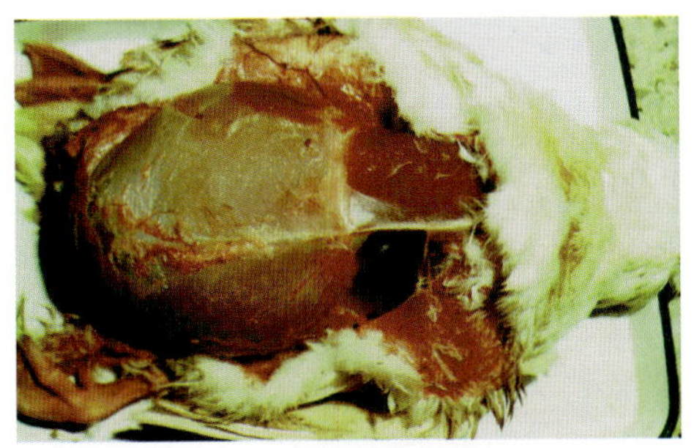

图7-2-27 发病鸭腹部膨大、肝脏肿大

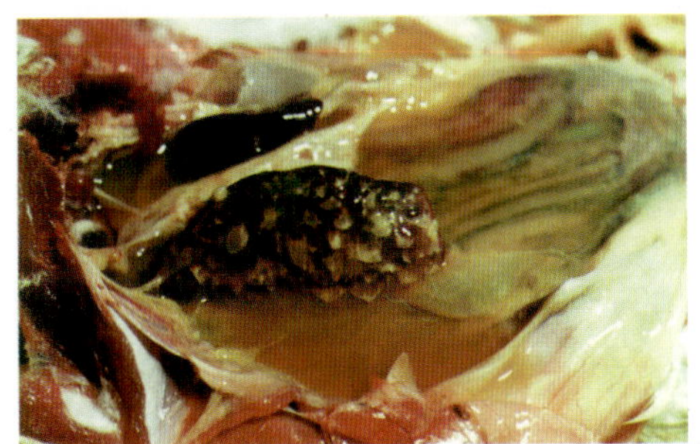

图7-2-28 发病鸭腹腔内积有大量血色液体

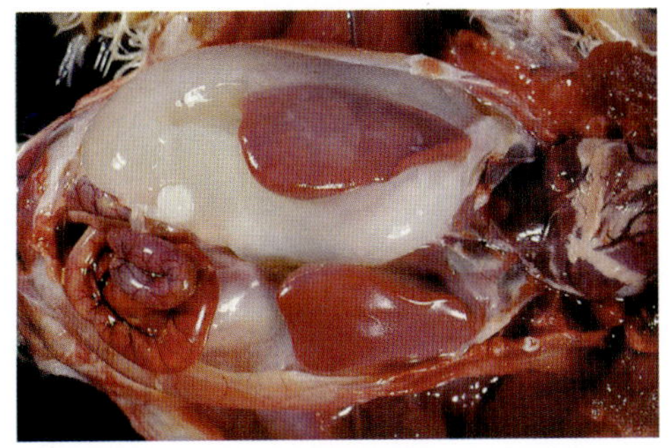

图7-2-29 腹水呈半凝固状，肝脏变小，右心室扩张及肺充血

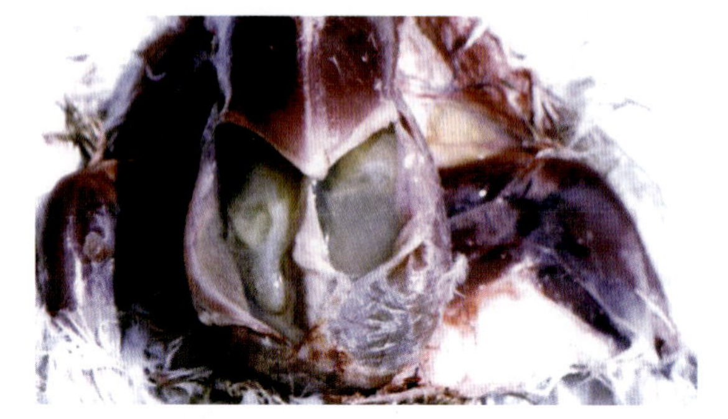

图7-2-30　肝缩小，心包扩张，腹腔中有胶冻样团块

4.诊断要点

取腹水液进行细菌培养，一般无菌落生长。根据发病情况、临床症状、剖检变化、实验室检查等综合诊断结果，可确诊为肉鸭腹水综合征。

5.防治措施

首先要查清发病原因，采取相应的对策。因饲料霉变造成的，要马上更换饲料，饲喂营养全面的全价料；因疾病感染引起的，要改善鸭群管理及环境条件，防止拥挤，改善通风换气条件，保证鸭舍内有较充足的氧气。注意勤换垫料，保持鸭舍干燥，及时清理粪便，以免产生过量氨气和滋生细菌。将患病的鸭只放在通风良好的开放式鸭舍隔离饲养，保持地面和垫料干燥、平整。另外，在日粮中补充维生素C，对预防鸭腹水综合征能起到良好的功效。

第八章

鸭养殖废弃物资源化处理技术

第一节　异位发酵床处理鸭粪技术

异位发酵床处理鸭粪技术，是针对原位发酵床存在的弊端而改进的新技术。其具体指在粪污处理区域单独建设发酵床，将鸭舍产生的粪污及冲洗水集中收集后，定期喷淋在异位发酵床上，通过自动喷淋装置，均匀地将粪污喷淋在垫料上，利用微生物菌群对粪污进行处理。

一、异位发酵床建设

1.发酵床单元

单条发酵床的长、宽、高分别为 40 m、4 m、1.8 m，地面纵向坡度为 0.5% ～ 1.0%，发酵床地面采用水泥硬化并做防渗处理，墙体为土建 24 cm 墙体。

2.钢架棚

钢架棚呈“人”字形，地面距离钢架棚两侧外沿最低点最少 5 m，最高点 7 m；棚顶采用透光瓦，钢架棚的两侧外沿距离床体 60 cm 以上，防止雨水进入发酵床和渗入墙壁，同时便于清洗、消毒；钢架棚应坚固耐用。

3.辅助曝气通风系统设计

辅助曝气通风系统包括风机、主气管、曝气管等。在发酵床外纵向一侧 1/2 处放置风机，横向铺设一条主气管，沿发酵床纵向铺设 2 条曝气管。主气管连接风机，曝气管连接主气管。具体在床内地面下沉 8 ～ 10 cm，水泥开槽，底部切面为半圆形，曝气管置于槽内，2 条曝气管距离两边发酵床分别为 1 m，长度贯穿整条发酵床。槽内放置曝气管，剩余空间用谷壳填满。曝气管每隔 1 m 设置曝气孔，孔口方向为两侧水平、斜向下 45° 各 2 个，孔径为 3 mm。连接风机主管用 DN80 镀锌管，曝气管用 DN65 PE 管，风机可选择 WSR80 型风机。

4.导流槽

在发酵床纵向一侧横截面设置水泥导流槽，其底部从一侧向集粪池侧倾斜。导流槽宽度 30 ～ 40 cm，其底部从一侧至另一侧倾斜，倾斜角度为 1% ～ 3%，导流槽浅侧深度为 10 ～ 15 cm。

5.凹槽

发酵床的底部建设两个凹槽，为半圆形，深度为 25 cm；凹槽底部铺设 5 cm 厚石子，再铺设曝气管；曝气管上方铺设 5 cm 厚石子，石子粒径为 1 ～ 2 cm；最后用谷壳填满至与发酵床底部水平，发酵床的底部凹槽距离发酵床侧边的距离为 100 cm。

6.翻抛设备

翻抛机架于发酵床两侧床体上，翻抛深度 1.5 m。见图 8–1–1。

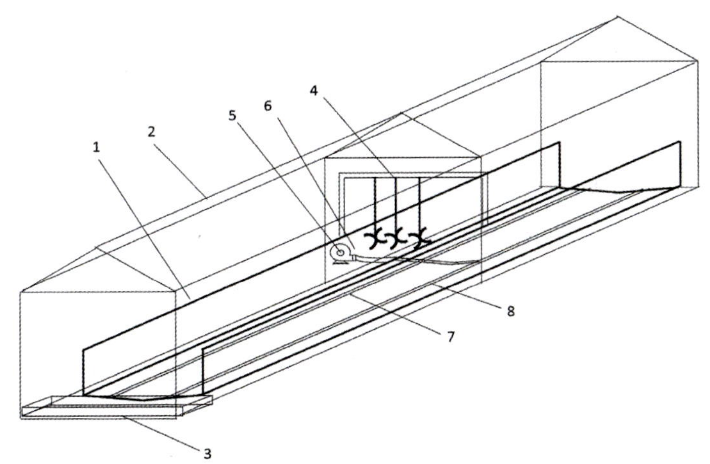

注：1. 发酵床；2. 大棚；3. 导流槽；4. 翻抛机；5. 风机；6. 主气管；7. 曝气管；8. 曝气管。

图8–1–1　鸭粪污异位发酵床

二、异位发酵床操作

1.发酵基料

根据当地资源情况，选择谷壳、锯末、秸秆、花生壳等作为发酵基料，控制碳氮比（25 ～ 40）：1。

2.发酵步骤

基料铺设。基料要翻抛混合均匀，初始铺设厚度约 160 cm，长期循环使用厚度不低于 80 cm。

菌剂添加。按照基料总质量的 1% 添加好氧菌剂，即 1 kg 好氧菌剂发酵 1 m^3 基料。将好氧菌剂均匀地喷洒到发酵基料上发酵 24 h，待用。

粪污添加。使用喷淋方式将家禽粪污均匀地淋在发酵床上。根据粪污含水率控制喷淋量，保证发酵床含水率不高于 65%。

3.操作技术

翻抛时间控制。发酵期内，3 d 为一个翻抛循环。第 1 天喷淋粪污，第 2 天机械翻抛，第 3 天辅助曝气通风。

温度控制。发酵温度 60 ～ 70 ℃。发酵初期温度在 40 ℃以下时，减少翻抛次数；发酵中期温度在 70 ℃以上，增加翻抛次数；发酵后期温度在 40 ℃以下时，发酵结束。

湿度控制。发酵湿度 30% ～ 65%。根据湿度高低，及时通过补充发酵基料或增加喷淋粪污量进行调节。

4.曝气通气量

风机曝气量：2.07 ～ 6.04 m^3/min；升压：9.8 ～ 78.4 kPa；电动机：2.2 ～ 11 kW；每次辅助曝气通风 1 h。

第二节　黑水虻幼虫处理鸭粪技术

黑水虻属于双翅目水虻科扁角水虻属昆虫，在自然界中广泛存在。它属于完全变态昆虫，一生要经历卵、幼虫、

蛹、成虫四个阶段，幼虫营腐生活，取食范围广泛，能够以畜禽粪便和生活垃圾为食。黑水虻幼虫不仅可作为高价值的动物性蛋白质饲料，还能够在一定程度上消除畜禽粪便产生的臭味。它在取食过程中能与苍蝇形成有力竞争，可抑制苍蝇滋生。黑水虻幼虫育蛹前具有迁徙特征，幼虫自 3 龄之后取食量大增，6 龄后进入育蛹期，不再取食，并从取食环境中迁出，寻找干燥、阴凉、隐蔽的化蛹场所，具有明显的趋缝性和趋光性，却不侵入人类的居住环境，因此无安全卫生风险。因黑水虻具有繁殖迅速、生物量大、食性广、吸收转化率高、容易管理、饲养成本低、动物适口性好、对环境友好等特点，所以能够用于畜禽养殖粪便的处理和资源化利用。黑水虻不仅可以减轻畜禽粪便对环境造成的污染，其产品幼虫、蛹和虫沙（黑水虻粪便与基料残渣混合物）还可增加收入，有利于实现经济效益、社会效益、生态效益的统一，是一种利用价值非常高的资源昆虫和环境昆虫，也是联合国粮食及农业组织指定的资源昆虫之一。

一、技术要点

1.场地与设施

(1) 处理场地选址

鸭粪处理场地应远离生活水源保护区、风景名胜区、城镇居民区、禁养区域等禁建区，设在养殖场生产区、生活区常年主导风向的下风向处或侧下风向的地势低洼处；与生产区、生活区的间距应满足卫生防疫要求；与主要生产设施之间保持 100 m 以上的距离；通风良好、光线充足（避免阳光直射）、交通方便（有利于资源化利用与运输）。根据养殖规模、远期规划合理选址，并预留远期用地。

(2) 贮粪池

养殖场需根据自身养殖模式、鸭粪形态、处理场地土质条件等因素选择建地上或地下贮粪池。鸭粪含水量较低时，贮粪池可参照《畜禽粪便贮存设施设计要求（GB/T 27622—2011）》建设地上贮粪池。贮粪池墙体高度不宜超过 1.5 m，地面宜采用混凝土结构，能承受运粪车荷载以及所存放粪便荷载要求，墙体厚度不少于 240 mm 。含水量较高时，贮粪池可参照《畜禽养殖污水贮存设施设计要求（GB/T 26624—2011）》建设，高度或深度不超过 6 m。养殖场可根据实际情况，选择合适的贮粪池。

所建贮粪池采用砖混结构或混凝土结构，水泥抹面，满足防渗防溢流等要求；顶部设置雨棚，雨棚下沿与设施地面净高不低于 3.5 m；周围设置排雨水沟，防止雨水径流进入贮存设施内，并设置明显的标志以及围栏等防护措施；可对设施周围空闲场地进行绿化，改善区域小环境，净化空气，减少污染。容积根据养殖场养殖模式、设计最大存栏量和贮存时间进行测算确定，并预留一定的空间。

养殖场净道与污道应严格分开，采用雨污分离、节水型饮水器等方式减少粪污的产生，鸭粪收集可采用机械清粪或人工清粪，并及时将收集的鸭粪运送到贮粪池或处理场所。

在收集、运输鸭粪的过程中，应采取防遗洒、防渗漏等措施，以免污染环境。

(3) 处理设施

黑水虻处理鸭粪一般有立体式和平面式两种处理设施。处理设施要求具有防雨、防渗、防溢流等功能，周围需设置排雨水沟，防止地面径流进入处理设施内。可采用钢架大棚或对废弃栏舍进行改造。根据处理场地的实际情况，可以安装通风除臭设施，可配备自动吸粪车等，降低劳动强度。

①立体式处理。可搭建多层存放架或地面交错叠加，最大限度地利用空间，层数及箱体尺寸需方便人工操作，一般为 3 ～ 4 层，要求箱体结实、不渗水，以内高 30 cm 左右为宜。

②平面式处理。当处理区域面积充足时，可采用平面水泥处理池。平面式处理相对立体式处理来说，管理较为粗放，不能在有限的场地内进行复式养殖，但可减轻劳动强度。处理池可建单排、双排或者多排，两排处理池之间设 80 ～ 90 cm 宽的过道，方便操作和粪车通过。处理池深 30 cm 左右，长、宽以方便人工操作为宜。

2.基料制作

基料是为黑水虻幼虫提供养分等生长发育条件的基础之料。由于养殖模式不一，鸭粪含水率也各不相同，而黑水虻幼虫处理粪污适宜含水率为 70% ～ 80%（感官判断为用手紧握基料基本成团而指缝略渗水）。因此，鸭粪可直接作为基料或添加辅料（麦麸、花生藤粉、木屑、水等）调节含水率至适宜后作为基料使用。

当鸭粪含水率低于 70% 时，可直接加水调节至 75% 左右后作为基料；当鸭粪含水率高于 80% 时，可在鸭粪中加入麦麸、花生藤粉或木屑等辅料混合均匀，调节含水率至适宜。为减少臭气发生，可在基料中加入微生物除臭剂，降低环境臭味，减少蚊蝇滋生。原料中不可含有灭苍蝇药、杀虫剂等药物成分。基料原料选择和配比可参考表 8-2-1。

表 8-2-1　鸭粪基料原料的选择和配比

鸭粪含水率 /%	原料	比例	备注
55	鸭粪：水	55 ：45	调节基料含水率至 70% ～ 80%
60	鸭粪：水	62 ：38	
65	鸭粪：水	71 ：29	
85	鸭粪：麦麸	87 ：13	
	鸭粪：花生藤	86 ：14	
	鸭粪：木屑	85 ：15	
90	鸭粪：麦麸	81 ：19	
	鸭粪：花生藤	80 ：20	
	鸭粪：木屑	79 ：21	
95	鸭粪：麦麸	76 ：24	
	鸭粪：花生藤	75 ：25	
	鸭粪：木屑	73 ：27	

3.黑水虻幼虫的投放与管理

黑水虻初孵幼虫至3龄幼虫（第2次蜕皮之后的黑水虻幼虫，5～7日龄），个体小，食量少。在虫卵孵化过程中，可在孵化器底部均匀铺一层由麦麸、花生麸、商品饲料粉料等配制的初孵幼虫饵，环境温度为室温（25 ℃），相对湿度大于80%，加盖防蝇网，必要时补充水分，一般3 d左右就能孵出幼虫。幼虫孵出后，可采用发酵1 d以上、湿度75%左右的麦麸作为其食料。麦麸疏松透气，易于幼虫采食，可提高幼虫成活率。将幼虫饲养至3龄，获得个体健壮、大小均匀、生命力强、体表发亮、充实饱满、爬行迅速有力的幼虫，这时幼虫采食量迅速增加。根据盆内虫的密度，可进行分盆饲养。这一时期后的幼虫可以用于鸭粪的生物处理过程。

将制作好的基料平铺到处理箱（池）中，厚度10～15 cm。黑水虻处理鸭粪适宜温度为25～35 ℃。投放时黑水虻可根据不同的室温采取不同的投放方式。温度适宜时，可将3龄幼虫均匀投放在基料上；当温度低于25 ℃时，可采用五点法分点集中投放方式。推荐幼虫投放量为每吨基料投60～80 g虫卵孵出后长到3龄的幼虫。

黑水虻幼虫适宜湿度为70%～80%，幼虫投放后要勤观察。处理池（箱）可以一次加满基料，保持基料厚度在10 cm以上；也可根据黑水虻的生长采食情况适量添加基料，并做好水分和温度的记录。为保证鸭粪的处理效果，需要根据基料情况及时调整湿度至适宜，过干可加水，过湿可添加干燥辅料进行调节。如出现基料板结或幼虫扎堆等情况，要适时翻动基料，使基料处理完全。

基料湿度太低，营养物质消耗殆尽，幼虫进入预蛹阶段，黑水虻都会出现逃逸行为。当发现黑水虻有逃逸行为时，要及时查找原因，采取相应措施。要加强日常的管理，可在处理箱（池）上覆盖纱网或沿处理箱（池）内沿撒干燥的麦麸等辅料进行防止；还要做好相应措施预防蚂蚁、老鼠、鸟等捕食；处理池（箱）和器具应该定期进行清洁消毒，使用的消毒剂应对黑水虻幼虫无毒无害。若出现幼虫发病死亡情况，需要整箱（池）清除，并用生石灰进行消毒。

4.分离

根据黑水虻幼虫的用途，在育蛹前后进行适时分离、收集。

待大部分基料被处理成疏松呈细沙状时，将基料与虫体堆积，使基料处理完全，直到虫体饱满；或幼虫经过 5 龄（第 4 次蜕皮）后，体色逐渐变成黑褐色，体壁变硬，采食量降低至停止采食，进入育蛹阶段，大量爬出基料堆寻找干燥、阴凉、隐蔽的场所化蛹时进行收集。

黑水虻与虫沙分离可采用以下方式：一是自然迁出，利用幼虫的避光性，可用多齿耙梳耙基料表面，待幼虫钻入下层后，将上层的虫沙清出，经逐层梳耙，最终收集黑水虻幼虫；二是筛分，黑水虻取食后期，虫沙已经相当干燥，因此

可以根据幼虫和虫沙颗粒大小选择适宜的筛目，将幼虫和虫沙进行分离。

5.利用方式

黑水虻幼虫不得直接饲喂畜禽。

黑水虻幼虫和蛹有很高的营养价值，含有丰富的蛋白质、脂肪酸和微量元素等营养成分。幼虫可以在水中生存，符合饲料卫生标准后，可用于鱼、龟、林蛙等养殖，是水产养殖不可多得的活体饵料；也可把幼虫和蛹烘干后加工成干粉，作为饲料的优质蛋白原料。此外，其幼虫药用价值潜力较大，经过诱导，可产生溶菌酶、抗菌肽、凝集素等多种免疫成分和抗菌物质，在医药领域具有广阔的应用前景。

分离后的虫沙含有大量的腐殖酸，经晾干或堆肥处理后，是优质的固体有机肥，可直接施用于经济林、花卉、苗木等，也可以经过专业加工生产有机肥。

二、适用范图

适用于规模化养殖场。

三、优缺点

1.优点

（1）能够高效实现养殖粪污的减量化、无害化、资源化，全程无二次废弃物产生，可明显降低粪污对大气、水质及土壤造成的污染，又为解决蛋白质饲料原料短缺问题提供了有效途径。

（2）处理粪污量大、转化效率高，每只黑水虻幼虫每天能吃掉大约与自身同等体重的废弃物。

（3）用途广，黑水虻幼虫可作为宠物、鱼类饲料、油脂原料等，虫沙可作有机肥料。

2.缺点

（1）黑水虻规模化养殖、利用技术要求较高，管理不当会导致处理效果差。

（2）目前，国内利用黑水虻加工饲料未形成产业化，对黑水虻的大规模生产销售有一定的影响。

（3）粪污处理规模化、标准化流程及产业链经济效益、产品品质的稳定性有待进一步完善、验证。

第三节　病死禽无害化处理技术

一、高温生物降解法

高温生物降解法，是通过高温灭菌技术和生物降解技术的有机结合，处理病害动物尸体组织，杀灭病原微生物，避免产物、副产物二次污染，达到环保和资源利用目的的方法。该方法应用在病死猪的无害化处理上相对较多，也较成熟，但应用在病死鸭的无害化处理上可供参考借鉴的经验相对较少，仍需进一步试验探讨。

1.工艺描述

（1）病死鸭固定存放，专人收集，专用封闭运输车运送。

（2）专门工作人员装（卸）货，视待处理时间的长短，分别放入冷库或暂存区存放。卸货完毕后，对运输车辆、人员进行消毒处理。

（3）将病死鸭送入高温生物降解处理一体机。视处理量大小选用设备，一般选用每批次处理量为 100 kg 的小型机，日处理 3 批次。

（4）按病死鸭质量的 20% 加入辅料。辅料一般为锯末，也可以是秸秆、草木灰或玉米芯等。

（5）关闭罐体、升温至 100 ℃后（需时 1.0 ～ 1.5 h）恒温 2 h 左右，同时搅拌，对病死鸭尸体进行破碎。

（6）开启罐体，物料冷却至 80 ℃以下，加入专用菌种降解剂 500 克，80 ℃恒温（搅拌）2 h 左右后取出（保持一定的通风量），得到有机肥。

2.主要特点

高温生物降解法处理病死禽为目前最有效、可行的方法，优点主要体现在快速、环保、节约、高效上。

（1）处理过程简单、易操作。

（2）处理过程中，氨气、硫化氢、臭气的排放量小、浓度低，无异味，无废水，环保性能好。

（3）处理后的产物可用作肥料、沼气原料、燃料等。

（4）无高压容器和高压锅炉，使用安全。

（5）处理成本低，不需另配废水、废气净化装置。

（6）处理场地易选择，可设于生产区一角即可。

但是因鸭毛难以分解，且其他有机物也未完全腐熟，经过高温生物降解法处理后的产物需另堆积 1 ～ 2 个月（视气温情况）继续进行有氧发酵后才能用于种植业。此外，高温生物降解法在国内实际应用于病死禽无害化处理的案例尚不多见，有待于继续试验、探讨并总结推广。

3.成本效益

（1）经济成本。按每批次（6 ～ 8 h）处理 80 kg 病死鸭，处理成本测算为 0.3 ～ 0.6 元 /kg（含电费、菌种降解剂、辅料）。

（2）社会、生态效益。①可就地随时处理病死鸭，杜绝传染病的发生。②可产生大量优质有机肥，大量减少化学肥料的使用，从而改良土质，变废为宝，变害为利。③无污染源排放，符合生态、环保要求。

二、化制法

1.工艺描述

（1）病死鸭固定存放、专人收集，专用封闭运输车运送。

（2）专门工作人员装（卸）货，视待处理时间的长短，分别放入冷库或暂存区存放。卸货完毕后，对运输车辆、人员进行消毒处理。

（3）将病死鸭送入化制机罐体（有专用装载车或传送带）。化制时间、温度、压力视处理数量、类别有所不同，不同厂家的设备相应要求也不同。时间一般为 120 ～ 240 min，温度为 138 ～ 175 ℃，压力为 101 ～ 202 kPa。

（4）蒸汽需冷凝后排放，罐内压力回至常压状态。排气，开启罐门，移出处理物。

（5）生产工业用油脂。不同厂家设备工艺有所不同，如有负压方法、挤榨方法等。

（6）生产有机肥。排出油脂后的固体物料可加工成有机肥料。不同厂家设备、工艺有所不同，如粉碎、烘干、过筛的程序方法的应用不同。

（7）设备、场地定期或生产结束后全面消毒。

（8）大型处理区的恶臭气体，可由专门系统（如活性炭吸附、光解净化等）处理，形成小分子无害或低害的化合物，如二氧化碳、水等。恶臭物质主要为氨、三甲胺、硫化氢等。

（9）油水分离器，视情况采购应用。

（10）污水处理，按相关工艺技术方法进行，实现达标排放。污水主要含有蒸煮过程中产生的油脂、有机物、骨胶、氮磷、悬浮物等。

2.处理设备

根据处理数量，选用大、中、小型设备。主要设备为湿化机组，包括湿化机、油水分离器、除臭器。采用蒸汽作为热源，可与蒸汽锅炉连接使用。没有锅炉、使用小型设备的企业，可采用电加热产生蒸汽；处理量大的需配备燃煤（沼气、燃油）锅炉供应蒸汽，且宜配备专门的油水分离器、空气处理系统及污水处理设备，实现达标排放。

3.要求

（1）厂内保管员全程监督产品（固体物料，如肉骨粉、肉酱）流向。

（2）出厂时必须固定运输车辆和司机。

（3）禁止散装运输，必须使用包装袋。

（4）车辆出入必须严格消毒。

（5）填写无害化处理单。包括病死鸭来源、数量、处理时间、处理残留物流向等。驻厂监管兽医、无害化处理工作人员及负责人均需签名，以示负责。

（6）产品宜作果园、花卉、蔬菜基地肥料使用。

第九章 鸭绿色健康养殖技术典型案例

第一节　蛋鸭笼养案例

一、基本情况

江西天厚玄鸟农业科技有限公司于 2019 年 12 月成立，公司注册资金 1000 万元，专业从事蛋鸭笼养。其养殖基地位于南昌市红谷滩区厚田乡的市级贫困村闸上村，是南昌市乡村振兴产业项目基地。该基地占地总面积 6.7 hm^2（养殖示范核心区占总面积的 30%，蛋鸭上笼训练基地占总面积的 70%），建设有标准化蛋鸭笼养舍 3 栋（每栋 1500 m^2）、加料及蛋品收集仓库一栋（1500 m^2），还建设有完善的粪污处理系统及有机肥加工车间一栋（1500 m^2）。现有笼养蛋鸭 2.5 万羽，设计规模 12.5 万羽。

二、技术模式

该公司采用封闭式蛋鸭笼养 + 异位发酵床处理粪污模式。笼具为 5 层层叠式蛋鸭专用笼。为满足蛋鸭生产需要，鸭舍配套安装了自动集蛋系统、自动喂料系统、自动环境控制系统，以及输送带式清粪系统等现代化设施设备，鸭的喂料、集蛋、清粪、环境控制等操作，均可由饲养员在舍外操作相关设备完成，不仅提高了生产效率，而且能够保持鸭舍环境的相对稳定，减少了外界因素对鸭舍的干扰，蛋鸭产蛋性能高且保持稳定。基地还配套建设了异位发酵床用于处理鸭粪污，养殖产生的粪污全部通过发酵处理进行资源化利用，实现了粪污零排放。

另外，基地采用先进的蛋鸭养殖技术，充分利用蛋鸭笼养的优势（可以保障蛋鸭养殖的全程可追踪、可溯源及可管控等）进行无抗养殖，从源头抓起，保持生产、防疫、消毒、无害化处理、用药、免疫及用料等养殖过程的全记录，为南昌市乃至全省的菜篮子工程提供了高品质的蛋品。

三、效益分析

1. 经济效益

笼养蛋鸭高峰期产蛋率可达 97% 以上，85% 以上产蛋率可维持 160 d 以上，产蛋期平均料蛋比（2.8 ～ 3.0）：1。养殖 25000 羽蛋鸭，一个产蛋周期可产优质鸭蛋 460 t，节约饲料 250 t，直接经济效益达 500 万元以上。

2. 社会、生态效益

笼养蛋鸭日均用水量为 500 ～ 800 mL/ 羽，而传统散养方式蛋鸭日均用水量约 19.95 L/ 羽，日均用水量可减少 96% ～ 97.5%。养殖 25000 羽蛋鸭，一个产蛋周期（按 365 d 计算）可节水约 17 万 t，商品蛋鸭管理由每人 1500 ～ 2000 羽提高到 8000 ～ 10000 羽，社会、生态效益均显著。

第二节　肉鸭网床养殖案例

一、基本情况

丰城市极土禽业有限公司秀市养殖基地坐落在丰城市秀市镇龙山村，距丰城市城区 25 km、东昌高速路口 3 km，与东昌高速直线距离约 1 km。养殖基地占地 200 亩，投入 3000 余万元，将逐步建设成 10 万羽种鸭养殖区（棚舍区约 20000 m^2）、种蛋孵化区、鸭苗育雏区、青年鸭旱养区、肉鸭宰杀区、冷藏速冻库区等。年产种蛋 1000 t 以上，年孵化养殖肉鸭 600 万羽。养殖粪污采取添加复合酶、益生菌的方式进行发酵处理，控制氨气等产生，并用于生产有机肥料。有机肥供在周边种植的红美人、无花果、黄桃等果树及千亩油茶树就地消纳利用，是一个真正做到了养殖粪污自我消化、循环绿色旱养的生态环保养殖模式。

多年来，丰城市极土禽业有限公司养殖销售鸭苗、商品肉鸭、冻鸭遍及上海、广东、江西、山东、河南等 10 余个省市，和各地养殖户、经销商、食品厂建立了良好关系，销售渠道畅通。

二、技术模式

1.主要特点

（1）鸭场选址可不受自然水源限制，可开发山林、旱地等区域养鸭。

（2）鸭舍建筑可繁可简，就地取材；规模可大可小，量力而行。

（3）粪污集中于室内，可定期清理制作有机肥，不外排污染环境。

2.主要优点

肉鸭网床养殖属生态农业循环养殖模式。通过减少养殖用水，收集的粪污经无害化处理生产有机肥实现资源化利用，改善了养殖环境，降低了鸭发病率、死亡率，提高了饲料利用率，同时也降低了劳动力成本。

3.主要设备

塑料网床（漏粪板）、刮粪板、刮粪机、翻耙机、通风和换气设备、保温设施（育雏区域）、自动饮水装置、自动投饲装置。

4.关键技术

鸭舍内设置休息区、采食饮水区。采食饮水设施化，没有戏水设施。室内地面采用漏粪板，以利粪污收集，保持室内卫生。主要用于肉鸭、青年蛋鸭饲养。养殖污水粪便采取添加复合酶、益生菌的方式发酵处理控制氨气等产生，并用于生产有机肥料。

技术优点：

（1）改善了鸭舍内环境。可明显降低鸭舍内 PM_{10}（空气中的悬浮颗粒小于 10 μm）、氨气等有害气体浓度，减少呼吸道疾病发生。

（2）省工节本。网床养殖无须每天清理禽舍，可以减少饲养人员劳动强度。与原来传统养鸭模式相比，饲养人员可提高 1 倍以上的工作效率，可节约劳动力成本 30%。采用自动投饲，科学控制饲料用量，防止浪费，可节省饲料成本 5%。

（3）质量安全。网床养殖鸭子与粪便分离，减少了病原传播风险，网床下粪便在发酵床经微生物发酵，避免了腐败菌分解有机质产生氨气等有害气体，可保持舍内干燥、空气清新，鸭子得以健康生长。肉鸭出栏均重比传统养殖每羽提高了 100 g，整齐度和羽毛外观状态显著提高和改善，同时可实现减抗养殖，确保产品质量安全，提高肉蛋品质。

（4）提高粪肥利用率。经发酵床发酵，粪便变成有机肥，保证了有效养分不流失，且利于作物吸收利用，提高肥效。见图 9-2-1、图 9-2-2、图 9-2-3、图 9-2-4、图 9-2-5、图 9-2-6、图 9-2-7。

图9-2-1　示范基地

图9-2-2　舍内供料系统

图9-2-3　网床

图9-2-4　自动投料口

图9-2-5　育肥鸭

图9-2-6　育雏

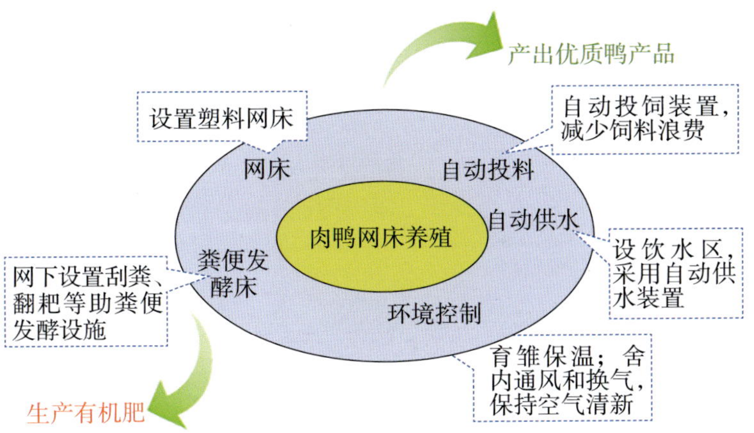

图9-2-7　肉鸭网床养殖模式

第三节　稻鸭共生案例

一、基本情况

瑞昌市稻田养鸭从2016年开始，经横港、范镇部分种粮大户3～4 a的实践探索，技术日趋成熟，走在了全省前列。当时横港镇种粮大户范长青经当地植保部门介绍，自发在承包的53.33 hm^2稻田里养了1000余羽鸭子。初试成功，信心倍增。2017年进一步完善技术，摸索经验。这种模式带来的好处和效益赢得了众多前来观摩的种粮大户的青睐，他们回去后纷纷效仿。2018年扩大到5户种粮大户参与示范，面积发展到440 hm^2，共养鸭2万余羽；2019年增加到22个种粮大户参与示范，面积达到666.67 hm^2，共养鸭近5万羽。为了更好地示范推广该项技术，瑞昌市农业农村局2018年、2019年两年里从水稻病虫害防治项目补助经费中共安排35万元购进或集中统一培育鸭苗分发给示范户，此项举措有力地推动了稻鸭共生示范工作的开展。见图9-3-1。

图9-3-1　瑞昌稻鸭共生示范基地

二、技术模式

1.田间配套设施

（1）单元围网。一般 3000 ～ 6000 m^2 设一个单元。放鸭前用 2 cm × 2 cm 孔距的尼龙网或铁丝网围合，网高 60 ～ 80 cm，每隔 2 ～ 3 m 用竹竿或木条打桩，围网的上下边用铁丝或尼龙绳做网绳将网拉直，底部用竹签固定防逃逸。

（2）简易鸭舍。在田埂较宽处（尽可能选择中部）用竹竿、杉木、石棉瓦、油毛毡等按 10 ～ 12 羽 /m^2 的标准搭建简易鸭舍，地面用木板或塑料布铺垫作为鸭补料、休整场地。

2.品种选择

（1）鸭品种。选择个体中小型、适应性广、抗逆性强、活动量大、觅食能力强的蛋用型或蛋肉兼用型品种，如青壳4号麻鸭、绍兴麻鸭、吉安红毛鸭等。

（2）水稻品种。选择抗病虫、抗倒伏、耐水、耐肥、米质优良的品种，如热香1号等。

3.饲养管理技术

（1）放牧稻田要求。选择机插秧或人工栽插，行距28 cm，株距12 cm。稻田养鸭的水稻田一般在水稻移栽前施足基肥（腐熟农家肥1500 kg/hm^2），追肥以鸭的排泄物和腐烂的杂草为主。在地力不足的情况下，可补施有机肥料或者经发酵腐熟的饼粕。每公顷宜放养绿萍1500～3000 kg供鸭子采食。在整个生产环节不使用化学农药，确需时应用无毒或低毒生物农药。放鸭初期水深以3～5 cm、中后期水深以5～8 cm为宜，抽穗前不断水。

（2）放鸭时间。小鸭在秧苗进入返青期（栽插后5～7 d）后投放，青年鸭应在移栽秧苗10 d以后投放。

（3）放养密度。每公顷稻田放养鸭子150～225羽。视田间肥瘦、食物资源等情况适当增减。

（4）诱导调教 。在育雏期间，饲养员利用口哨或吆喝等声音调教鸭，形成条件反射。

（5）放鸭准备。放鸭前在简易鸭舍内，投放充足的饲料及饮水，让其在简易鸭舍内过渡1～2 d，适应野外环境，

再选择晴天、气温适宜时让其自行下田活动。

（6）补料。补料种类：全价料、稻谷、玉米、小麦、配合料均可。每羽鸭的喂量为正常自由采食量的60%～80%。根据鸭的大小、稻田杂草和田间可食生物数量适时调整喂量。一天补喂1～2次。鸭放入稻田1周内设为补料过渡期，2周以后全部饲喂补充料。

4.疫病综合防控

（1）鸭病防治。结合实际制订科学的免疫程序，并在放鸭前完成免疫注射。主要有小鸭病毒性肝炎、传染性浆膜炎、禽流感、黄病毒等疫苗。

（2）稻病防治。稻鸭共生期间水稻病虫主要依靠鸭的采食活动以及杀虫灯、赤眼蜂等物理和生物防治方法。确需喷洒农药时，宜选择高效、低毒、低残留的农药。

5.收鸭

水稻抽穗后灌浆前，将鸭从稻田移出收回，视后续用途另行集中饲养。

三、主要成效

稻鸭共生技术于2016年在德安县开始试验，2017年、2018年在柴桑区岷山乡进行示范和技术完善，并制订了《九江乡音种养殖合作社稻田养鸭操作技术规程》；2019年选择稻鸭共生技术推广较好的瑞昌市横港镇、范镇大面积推广。从最初的3户农户面积不到7 hm^2，发展到现在有60户农户参与，面积约1400 hm^2，养鸭20多万羽。由于稻鸭共生技术模式具有良好的经济、社会、生态效益，目前已在南昌市、吉安市、赣州市等地辐射推广。该项技术也被江西省人民政府办公厅《关于推进家禽产业高质量发展的实施意见》列入重点推广技术之一。

据瑞昌市横港镇碧盛合作联社示范测产统计，采用稻鸭共生技术模式，每公顷稻田可节约农药成本（含人工）2235元，节省化肥成本787.5元（少施化肥225 kg，化肥3.5元/kg）；水稻产量增加10%左右，稻鸭谷市场价高出常规水稻0.44元/kg，两项叠加每公顷增收4365元；稻鸭共生示范区每公顷稻田150羽鸭子创纯收入1500元。以上4项合计除去田间设施及用工成本，每公顷稻田可净增收4500元左右。另外，稻鸭共生还可增加土壤肥力15%以上，经济、社会、生态效益明显。

第四节　鸭粪污异位发酵床处理技术案例

一、基本情况

江西天韵农业开发股份有限公司是一家以现代化蛋鸭笼养、青年鸭养殖为主的养殖企业，是南昌市农业产业化龙头企业。养殖基地位于南昌县幽兰镇，公司基地建设有全自动化现代化蛋鸭舍（层叠式）2栋，粪污处理工艺及设备主要

是异位发酵床，通过了深翻抛设备及添加发酵菌对养殖产生的粪污进行处理，实现了粪污零排放目标。

该公司常年存栏 4 万羽蛋鸭，生产采用 H 型笼养方式，粪污通过传送带，每日固定时间进行收集，并贮存在暂存池。鸭由于生理排泄特点，粪污的含水量较高，约在 90% 以上，黏度大，特别是集约化鸭场，集粪池中粪污如不及时处理，会迅速腐败发酵。该公司采用异位发酵床处理方式，并在传统异位发酵床建设上，增加底部辅助曝气系统，增加底部发酵床通氧量，发酵更加彻底，防止发酵床底部死床，优化了生产方式，做到无污染、零排放，明显改善了养殖环境，提高了生产效率，具有较好的经济、社会和生态效益。

二、技术模式

江西天韵农业开发股份有限公司生产用双条发酵床。单条发酵床长、宽、高分别为 40 m、4 m、1.8 m，地面纵向坡度为 0.5% ～ 1%，发酵床地面用水泥硬化并做防渗处理，墙体为土建 24 cm 墙体。地面使用水泥硬化并做防渗处理，并高出周围地面 10 cm，避免雨水浸入渗漏到地表层。

发酵基料的制作。发酵基料由锯末、谷壳组成。按照锯末、谷壳 4∶6 的比例混匀。发酵基料：一层谷壳、一层锯末，经过翻抛均匀混合。基料铺设厚度为 1.4 m。

好氧菌的投入。1 m^3 发酵基料添加 1 kg 好氧菌，经充分混匀后，待温度上升到 45 ℃以上时，开始喷淋粪污。根据发酵床面积进行测算，发酵基料为 130 m^3（锯末为 50 m^3，谷壳为 80 m^3）。根据锯末含水率 30%，谷壳含水率 12%，好氧菌含水率 100%，测算出发酵基料含水率为 45%；根据鸭粪污含水率为 90%，测算出每天喷淋 7 m^3 粪污。

翻抛频率。利用翻耙机翻耙发酵基料，具体为 3 d 一个循环。第 1 天喷洒粪污，第 2 天进行翻抛，第 3 天进行底部通风。

通风频率。每次粪污喷淋后第 3 天，开始增加通风频率，具体通风时间为每次 1 h。

在发酵过程中，定期对堆体进行不同深度的温、湿度测定，使发酵床相对湿度控制在 40% ～ 60%。如湿度高于 60%，通过增加翻抛次数或及时补充新鲜干燥基料进行调节；如湿度小于 40 %，增加喷淋的粪污量或者次数进行调节。

三、主要成效

异位发酵床处理鸭粪污技术遵循发展循环经济、低碳经济的原则，粪污可以转化成再生能源，符合生态农业与资源化综合利用的总体发展战略，较好地解决了对养殖环境的污染问题，做到无污染、零排放，且占地面积小，既可降低家禽场粪污处理成本，还可明显改善养殖环境，提高生产效率。利用锯末、谷壳、稻草等，添加益生菌，利用微生物迅速有效地分解、消化粪污中的有机化合物，达到粪污零排放的目的。异位发酵床垫料一般使用 2 ～ 3 a，发酵后垫料有机质含量较高，可直接作为农作物肥料使用，能改良土壤；也可进一步加工成优质的有机肥，用于作物生产，带来良好

的经济效益。见图 9-4-1、图 9-4-2、图 9-4-3。

图9-4-1　底部通风曝气系统

图9-4-2　异位发酵床

图9-4-3 翻抛机

参考文献

参考文献

[1] 苏敬良，黄瑜，胡薛英．鸭病学[M]. 北京：中国农业出版社，2016.

[2] 黄淑坚．当前水禽新发疫病流行特点及防控策略[J]. 养禽与禽病防治，2020（2）：26–27.

[3] 顾小雪，刘洋，马苏，等．我国水禽疫病的流行情况及防控对策[J]. 中国家禽，2015, 37（16）：1–5.

[4] 赵俊强，乔宏兴，郭宏伟，等．鸭短喙–侏儒综合征的综合防控[J]. 养殖与饲料，2020（7）：115–116.

[5] 马军．鸭短喙–侏儒综合征的诊断与防控[J]. 家禽科学，2019（6）：46–47.

[6] 贾艳娟．鸭短喙–侏儒综合征的预防与治疗[J]. 家禽科学，2012（12）：46–47.

[7] 马明瑞，陈浩，张斌．新型鸭呼肠孤病毒病研究进展[J]. 现代盐化工，2022（4）：26–27.

[8] 章秋月．一例雏番鸭新型鸭呼肠孤病毒感染的诊断[J]. 福建畜牧兽医，2017, 39（3）：14–15.

[9] 范辉．一例番鸭新型鸭呼肠孤病毒感染的诊治[J]. 当代畜牧，2018（12 中）：35–36.

[10] 付新亮，江丹莉，侯展鹏，等．致雏鹅痛风新型鹅星状病

毒研究进展 [J]. 中国预防兽医学报，2021，43（7）：786-790.

[11] 张帆帆，李海琴，谭美芳，等．鹅星状病毒衣壳蛋白间接ELISA 检测方法的建立 [J]. 中国预防兽医学报，2022，44（8）：850-854.

[12] 张帆帆，曾艳兵，方少培，等．鸭坦布苏病毒的研究进展 [J]. 畜牧兽医学报，2021，52（6）：1489-1497 .

[13] 李娥，刘洋，郭杨丽，等．鸭坦布苏病毒病最新流行特点及防控措施 [J]. 动物疾病防治，2022，38（4）：73-74.

[14] 褚思远．鸭圆环病毒的流行症状与防控 [J]. 中国动物保健，2023，25（1）：49-50.

[15] 陶广朋．鸭圆环病毒的流行与防控 [J]. 中国畜禽种业，2019（9）：192.

[16] 彭艳伶，陈世云，伍天碧，等．鸭圆环病毒感染的诊断与防控 [J]. 四川畜牧兽医，2022，390（9）：62-63.

[17] 江斌．一例番鸭腺病毒病的诊断及处理措施 [J]. 福建畜牧兽医，2018，40（2）：37-38.

[18] 王保屯，王金颖．浅谈肉鸭腺病毒病：心包积水 – 肝炎综合征 [J]. 北方牧业，2017（22）：28.

[19] 陈敏．一例鸭腺病毒病的诊治 [J]. 中国动物保健，2023（1）：119-121，126.

[20] 蔡戈，赵伟成. 鸭病防治 150 问 [M]. 北京：金盾出版社，2010.

[21] 陈伯伦. 鸭病 [M]. 2 版 . 北京：中国农业出版社，2010.

[22] 郭玉璞，王惠民. 鸭病防治 [M]. 4 版 . 北京：金盾出版社，2009.

[23] 李思明，唐艳强，唐维国 . 畜禽健康生态养殖 [M]. 北京：中国国际文化出版社，2017.

[24] 翁贞林，谢金防 . 江西水禽产业发展研究 [M]. 南昌：江西科学技术出版社，2020.

[25] 娄佑武，吴志勇，管业坤 . 畜禽养殖废弃物资源化利用 150 问 [M]. 南昌：江西科学技术出版社，2018.

[26] 娄佑武，吴志勇，管业坤 . 畜禽养殖废弃物资源化利用新技术 [M]. 南昌：江西科学技术出版社，2017.

[27] 吴志勇，王荣民 . 蛋鸭笼养新技术 [M]. 南昌：红星电子音像出版社，2020.

附录

附录

附录一　蛋鸭笼养舍内环境控制技术规程（DB36/T 1226—2020）

1　范围

本文件规定了蛋鸭笼养舍内环境控制的术语和定义、设施设备、环境控制与监测、日常管理、资料记录等要求。

本文件适用于规模化蛋鸭笼养模式。

2　规范性引用文件

下列文件对于本文件的应用是必不可少的。凡是注日期的引用文件，仅所注日期的版本适用于本文件。凡是不注日期的引用文件，其最新版本（包括所有的修改单）适用于本文件。

GB/T 14675　空气质量　恶臭的测定　三点比较式臭袋法

GB/T 15432　环境空气　总悬浮颗粒物的测定　重量法

GB/T 18204.3　公共场所卫生检验方法　第三部分：空气微生物

HJ 618　环境空气 PM_{10} 和 $PM_{2.5}$ 的测定　重量法

JB/T 10294　湿帘降温装置

NY/T 388　畜禽场环境质量标准

NY/T 1755　畜禽舍通风系统技术规程

NY/T 3075　畜禽养殖场消毒技术

3　术语和定义

下列术语和定义适用于本文件。

3.1　蛋鸭笼养 laying duck feeding in cage

将饲养到一定日龄阶段（一般为 10 周龄～ 12 周龄）的蛋用型鸭放入特制（定）的笼内进行饲养的方式，饲养周期一般为 10 周龄～ 72 周龄。

3.2　人工补光 artificial lighting

自然光照不能满足蛋鸭正常生产（采食、饮水、产蛋等）所需的光照条件时，采用人工照明的方式来补充光照。

3.3　有害气体 noxious gas

养殖舍内常见的氨气、硫化氢等危害蛋鸭正常生产的气体。

4　设施设备

4.1　鸭舍

4.1.1　栏舍一般跨度 8 m ～ 15 m、长度 70 m ～ 80 m、高度 3.5 m ～ 4.0 m，单栋养殖规模以 8000 羽～ 10000 羽为宜。

4.1.2　地面和墙壁便于清洗、消毒，坚固耐用；屋顶和墙壁采用复合保温材料，保温隔热层厚度≥ 5 cm。

4.2　笼具

笼具采用重叠式或阶梯式，纵向排列，一般为 2 列～ 4 列、3 层～ 4 层。

4.3 饮水与喂料

4.3.1 安装乳头式自动饮水系统，饮用水符合 NY/T 388 要求。

4.3.2 安装自动喂料系统。

4.4 通风降温系统

4.4.1 排污端安装负压通风系统，风速可调，并符合 NY/T 1755 要求。

4.4.2 进风口安装湿帘降温系统，符合 JB/T 10294 要求。

4.5 光照系统

使用节能灯，按照灯距 3 m、灯离地 2 m、辐射照度 0.5 W/m^2 ～ 1 W/m^2 的原则，沿舍内通道均匀交错布置；安装微电脑光照自动控制系统，满足人工光照需求。

4.6 清粪系统

安装输送带式或刮板式自动清粪系统。

4.7 供电系统

配备与饲养规模相适应的备用电源。

5 环境控制

5.1 温、湿度

5.1.1 适宜温度为 10 ℃～ 28 ℃，且单日温差< 10 ℃。

5.1.2 适宜相对湿度为 60% ～ 80%，最佳相对湿度为 70% ～ 75%。

5.2 风速

平均风速控制在 0.1 m/s ～ 1.0 m/s，夏季≥ 0.5 m/s，冬季≤ 0.2 m/s。

5.3 光照

5.3.1 蛋鸭入舍后，保持 24 h 照明，照度 4 lx ～ 6 lx。

5.3.2 从开产前 3 周开始，当自然光照时间不能满足光照制度规定的光照时长时，应采用人工光照进行补光，人工补光照度 20 lx ～ 30 lx。

5.3.3 采取早晚人工补光方式，按照每周增加 0.5 h 光照时间渐增，达到每天 16h 光照时间后保持不变，直至产蛋周期结束。

5.4 空气质量

5.4.1 舍内氨气浓度≤ 10 mg/m^3，硫化氢气体浓度≤ 5 mg/m^3，恶臭≤ 70 稀释倍数。

5.4.2 空气中细菌总数≤ 25000 个 /m^3，可吸入颗粒物（PM_{10}）≤ 4 mg/m^3，总悬浮颗粒物（TSP）≤ 8 mg/m^3。

6 环境监测

6.1 测定方法

舍内空气质量恶臭指标的气体采样及检测方法按 GB/T 14675 执行，TSP 指标的气体采样及检测方法按 GB/T 15432 执行，PM_{10} 指标的气体采样及检测方法按 HJ 618 执行，细菌总数的采样及检测方法按 GB/T 18204.3 执行。

6.2 监测仪器

6.2.1 常用仪器有温湿度计、照度计、有害气体检测仪、风速计等。

6.2.2 所用仪器设备应经校准合格，且在有效期内，测量范围和精确度能满足舍内环境参数相关要求，所用仪器传感器应

满足功耗低、反应灵敏、受环境影响小、可长时间工作无故障等要求。

6.2.3　有条件的安装自动环境监测系统进行实时监测、传输。

6.3　监测点位

6.3.1　栏舍长度不超过 50 m 时，设置 2 个点位，栏舍长度超过 50 m 时，设置 3 个点位。

6.3.2　一般选择舍内通道两端和中间位置，两端监测点距入口或出口（排风口）的距离 2 m 左右。

6.3.3　温、湿度，风速，光照监测点设在笼具中层位置，并尽量靠近鸭体；空气质量监测点设在底层料槽附近。

6.3.4　监测点应避免日光直射，距光源的水平距离不少于 1 m，以两灯中间为宜，距热源不少于 0.5 m。

7　日常管理

7.1　根据监测数据采取相应措施对舍内环境进行调控。

7.2　清理舍内粪污 1 次/d～2 次/d。

7.3　按 NY/T 3075 的要求进行消毒。

7.4　工作人员穿工作服，避免陌生人员进入。

7.5　在栏舍内喷洒或饮水中添加益生菌类微生态制剂。

7.6　经常性对监测设备、环境控制设备等进行维护，确保设施正常运行。

8　资料记录

环境监测、检测记录，设施设备运行、维护记录，生产记录等资料应及时立卷归档，保存两年以上。

附录二　戏水池式种鸭舍建设规范（DB36/T 1823—2023）

1　范围

本文件界定了戏水池式种鸭舍有关的术语和定义，规定了选址和布局、总体要求、栏舍、运动场、导流槽、戏水池、围栏等的建设要求。

本文件适用于规模化种鸭场。

2　规范性引用文件

下列文件对于本文件的应用是必不可少的。凡是注日期的引用文件，仅所注日期的版本适用于本文件。凡是不注日期的引用文件，其最新版本（包括所有的修改单）适用于本文件。

GB 50069　给水排水工程构筑物结构设计规范

NY/T 682　畜禽场场区设计技术规范

3　术语和定义

下列术语和定义适用于本文件。

3.1　戏水池 padding pool

指供种鸭戏水、洗浴、配种的人工小型蓄水设施。

4 选址与布局

参照 NY/T 682 的规定执行。

5 总体要求

5.1 类型

采用开放式或半开放式，按长轴方向单列布置。

5.2 朝向

鸭舍应具备兼顾通风、采光、保温、隔热和防雨等功能。按当地主风向、地势确定栏舍方位，南向禽舍允许向东或向西偏转 10° ～ 15° 。

5.3 建设内容

单栋鸭舍包括栏舍、运动场、导流槽、戏水池、围栏等，横向依次排列。鸭舍平面示意图见图 F2.A.1、鸭舍剖面示意图见图 F2.A.2。

6 栏舍

6.1 结构

6.1.1 采用砖混结构或轻钢结构。

6.1.2 地面水泥硬化。

6.1.3 屋顶和墙壁采用复合保温材料，要求保温隔热层厚度 ≥ 5 cm。

6.2 规格

栏舍规格依养殖规模和地形而定，以长 70 m ～ 80 m、宽 8 m ～ 11 m、檐高 2.0 m ～ 2.5 m 为宜。

6.3 通道

靠北墙设置通道，宽 1.2 m ～ 1.5 m。

6.4 网床

6.4.1 栏舍内架设网床，横向跨度 6.5 m ～ 9.5 m，离地高度 40 cm ～ 50 cm，网床下方地面纵向坡度为 3% ～ 5%，向出粪口端倾斜。

6.4.2 网面可用塑料网、热镀锌钢丝网等，网孔直径 1.5 cm ～ 2.5 cm。

6.4.3 在网床上设喂料区，采用自动喂料系统。

6.4.4 在网床上设产蛋区，放置产蛋箱，箱底铺垫稻草、谷壳、锯末等，厚度以 2 cm ～ 5 cm 为宜。

6.5 光照系统

栏舍内安装光照系统，要求均匀分布，光照强度 10 lx ～ 20 lx。

7 运动场

7.1 面积

为栏舍面积的 1.3 ～ 1.5 倍。

7.2 地面

水泥硬化，向引流槽倾斜，坡度为 2% ～ 3%。

7.3 饮水系统

在屋檐下方设置饮水区，安装乳头式自动饮水器，高度 35 cm ～ 40 cm，间距为 6 cm ～ 8 cm。

7.4 遮雨棚

运动场配套搭建遮雨棚，向栏舍方向倾斜，坡度为3%～5%。

8 导流槽

8.1 运动场与戏水池结合处设置导流槽，要求深70 cm～80 cm，宽60 cm～70 cm。

8.2 导流槽上方加盖漏缝地板，向运动场倾斜，坡度为15%～25%。

8.3 导流槽与戏水池之间设置弧形缓冲区，宽度15 cm～20 cm，高度10 cm～15 cm。

9 戏水池

9.1 每单元栏舍设置独立戏水池，池壁及池底应光滑、防渗，并符合GB 50069的技术要求。

9.2 戏水池横截面为倒直角梯形，靠导流槽侧为斜面，上宽200 cm～250 cm，下宽100 cm～150 cm，深50 cm～60 cm。

9.3 在池底靠导流槽处设排水口通过管道与导流槽相连，并安装排水阀。

10 围栏

10.1 鸭舍周边设置围栏，根据需要分成若干个单元。

10.2 网床围栏高度40 cm～50 cm，戏水池和运动场围栏高度60 cm～70 cm。

附 录 A
（资料性）
鸭舍示意图

A.1 鸭舍平面示意图

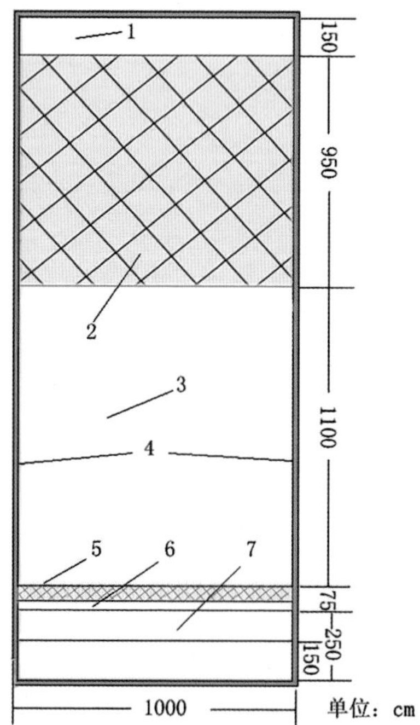

注：1.通道；2.网床；3.运动场；4.围栏；5.导流槽；6.缓冲区；7.戏水池。

图F2.A.1 鸭舍平面

A.2 鸭舍剖面示意图

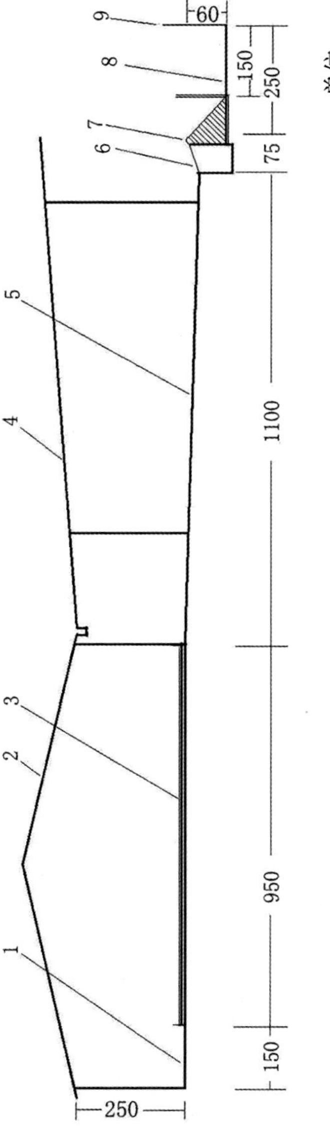

注：1.通道；2.屋顶；3.网床；4.遮雨棚；5.运动场；6,导流槽；7.缓冲区；8.戏水池；9.围栏。

图F2.A.2 鸭舍剖面

附录三　黑水虻处理鸭粪技术规程（DB36/T 1361—2020）

1　范围

本文件规定了黑水虻处理鸭粪的术语与定义、场地与设施、预处理、投放与管理、分离及利用。

本文件适用于规模化肉（蛋）鸭网上平养、笼养等鸭粪的处理。

2　规范性引用文件

下列文件对于本文件的应用是必不可少的。凡是注日期的引用文件，仅所注日期的版本适用于本文件。凡是不注日期的引用文件，其最新版本（包括所有的修改单）适用于本文件。

GB 13078　饲料卫生标准

GB/T 27622　畜禽粪便贮存设施设计要求

GB/T 36195　畜禽粪便无害化处理技术规范

NY 525　有机肥料

NY 884　生物有机肥

3　术语与定义

下列术语和定义适用于本文件。

3.1 基料 binder

能够为黑水虻幼虫提供养分等生长发育条件的基础之料；本文件指鸭粪或添加麦麸、花生藤粉、木屑等辅料的鸭粪。

3.2 虫沙 worm droppings

黑水虻幼虫处理基料后产生的混合物。

3.3 预蛹 praepupa

黑水虻幼虫停止采食至蜕皮成蛹之前，虫体颜色开始变黑的发育阶段；本文件规定 5% 黑水虻虫体变黑，为预蛹阶段。

4 场地与设施

4.1 场地要求

4.1.1 选址布局符合 GB/T 36195 要求。

4.1.2 防雨防渗防溢流，通风良好，光线充足、防阳光直射；地面和墙面水泥硬化。

4.2 贮粪设施

符合 GB/T 27622 要求。

4.3 处理设施

4.3.1 立体式处理：搭建多层存放架，一般为 3 层～ 4 层，层数及箱体尺寸应便于人工操作，要求箱体不渗水，高度 30 cm 左右为宜。

4.3.2 平面式处理：可采用平面水泥处理池，处理池可建单排、双排或多排，两排池间设 80 cm ～ 90 cm 过道，池深 30 cm

左右，长、宽以方便操作为宜。

4.3.3 宜安装通风和除臭设施，配备自动吸粪车。

5 预处理

基料平铺厚度 10 cm ～ 15 cm，水分以 70% ～ 80% 为宜（感官判断为用手握紧基料基本成团而指缝略渗水）。水分 <70%，加水调节；水分 >80%，用麦麸、花生藤粉或木屑等进行调节。基料宜添加微生物除臭菌剂。基料原料的选择和配比可参见表 F3.A.1。

6 投放与管理

6.1 投放虫量和虫龄

每吨基料投放 60 g ～ 80 g 虫卵孵化出的 3 龄幼虫（5 ～ 7 日龄）。

6.2 投放方式

适宜温度为 25 ℃～ 35 ℃。当温度适宜时，均匀投放在基料上；当 <25 ℃时，分点投放。

6.3 日常管理

6.3.1 投放幼虫后勤观察，及时调整温、湿度，翻动基料，防逃逸等。

6.3.2 避免蚂蚁、老鼠、鸟等危害。

7 分离

7.1 分离时间

根据幼虫用途，在预蛹阶段前后进行分离、收集。

7.2 分离方式

7.2.1 自然迁出

利用黑水虻的避光性，可用多齿耙逐层梳耙表面，进行分离。

7.2.2 筛分

根据幼虫大小选择适宜的筛目，进行分离。

8 利用

8.1 虫沙

可直接施用于经济林、花卉、苗木等；生产生物有机肥，应符合 NY 884 要求；加工成专用有机肥，应符合 NY 525 要求。

8.2 幼虫

不得直接饲喂畜禽；作为鱼、龟、林蛙等水产养殖饵料，应符合 GB 13078 要求；可收集用于加工动物蛋白饲料或提取生物医药制剂。

附 录 A
（资料性附录）
基料原料的选择和配比

A.1 基料原料的选择和配比表

表F3.A.1 基料原料的选择和配比

<table>
<tr><th>鸭粪含水率 /%</th><th>原料</th><th>比例</th><th>备注</th></tr>
<tr><td>55</td><td>鸭粪：水</td><td>55：45</td><td rowspan="12">调节基料含水率至70%～80%</td></tr>
<tr><td>60</td><td>鸭粪：水</td><td>62：38</td></tr>
<tr><td>65</td><td>鸭粪：水</td><td>71：29</td></tr>
<tr><td rowspan="3">85</td><td>鸭粪：麦麸</td><td>87：13</td></tr>
<tr><td>鸭粪：花生藤</td><td>86：14</td></tr>
<tr><td>鸭粪：木屑</td><td>85：15</td></tr>
<tr><td rowspan="3">90</td><td>鸭粪：麦麸</td><td>81：19</td></tr>
<tr><td>鸭粪：花生藤</td><td>80：20</td></tr>
<tr><td>鸭粪：木屑</td><td>79：21</td></tr>
<tr><td rowspan="3">95</td><td>鸭粪：麦麸</td><td>76：24</td></tr>
<tr><td>鸭粪：花生藤</td><td>75：25</td></tr>
<tr><td>鸭粪：木屑</td><td>73：27</td></tr>
</table>

附录四　鸭粪污异位发酵床体建设技术规范（DB36/T 1600—2022）

1　范围

本文件规定了处理鸭粪污异位发酵床建设技术规范的术语和定义、场地选择、床体建设、设施设备等要求。

本文件适用于规模化鸭场异位发酵床建设。

2　规范性引用文件

下列文件对于本文件的应用是必不可少的。凡是注日期的引用文件，仅所注日期的版本适用于本文件。凡是不注日期的引用文件，其最新版本（包括所有的修改单）适用于本文件。

GB /T 26624　畜禽养殖污水贮存设施设计要求

GB /T 27622　畜禽粪便贮存设施设计要求

3　术语和定义

下列术语和定义适用于本文件。

3.1　鸭粪污 duck manure

指规模养鸭场产生的鸭粪便、污水等的混合物。

3.2　异位发酵床 ectopic fermentation bed

指在养殖舍外，利用砖混结构建设，并配备辅助曝气系统，用于集中发酵处理粪污的一种设施。

3.3 辅助曝气系统 aeration auxiliary system

指安装在发酵床底部凹槽内，用于辅助曝气的机械通风系统。

3.4 导流槽 guiding gutter

指将发酵床多余的粪污水导入粪污集粪池的一种沟槽。

4 场地选择

按照 GB /T 27622、GB /T 26624 要求，进行场地选择。

5 床体建设

5.1 发酵床单元

5.1.1 单个发酵床单元两面为 24 cm 墙并水泥砂浆粉刷，规格 6000 cm×400 cm×180 cm（见图 F4.A.1、图 F4.A.2、图 F4.A.3）。可处理存栏 1 万羽成年鸭所产生的粪污。

5.1.2 地面使用水泥硬化并做防渗处理，并高出周围地面 10 cm，避免雨水浸入渗漏到地表层。

5.2 钢架棚

钢架棚呈“人”字形，棚顶采用透光瓦，地面距离钢架棚两侧外沿最低点为 500 cm ～ 600 cm，最高点 700 cm。钢架棚的两侧外沿距离床体 60 cm ～ 80 cm，防止雨水进入发酵床面和墙壁，便于清洗、消毒，且坚固耐用。

5.3 导流槽

5.3.1 在发酵床纵向一侧横截面设置水泥导流槽，其底部从一侧向粪污集粪池侧倾斜。

5.3.2 导流槽宽度为 30 cm ～ 40 cm，其底部从一侧至另一侧倾斜，倾斜角度为 1% ～ 3%，导流槽浅测深度为 10 cm ～ 15 cm。

5.4 凹槽

发酵床的底部建设两个凹槽，为半圆形，深度为 25 cm，凹槽底部铺设 5 cm 厚石子，再铺设曝气管，曝气管上方铺设 5 cm 厚石子，石子大小内径为 1 cm ～ 2 cm，最后用谷壳填满至与发酵床底部水平，发酵床的底部凹槽距离发酵床侧边的距离为 100 cm。

6 设施设备

6.1 辅助曝气系统

6.1.1 曝气系统由风机、主气管、曝气管组成。风机置于发酵床外侧纵向 1/2 处。

6.1.2 连接风机主管 DN80 镀锌管，曝气管用 DN65 PE 管、风机可选择罗茨风机 WSR80 型（风机风量：2.07 m^3/min ～ 6.04 m^3/min，升压：9.8 kPa ～ 78.4 kPa，电动机：2.2 kW ～ 11 kW）。主气管的直径为 8 cm，两条曝气管直径为 6.5 cm。

6.1.3 在发酵床的底部凹槽内，铺设两条纵向曝气管，长度与发酵床长度一致。两条曝气管之间距离为 200 cm。每条曝气管间隔 100 cm 处设置 2 个曝气孔，孔口均斜向下 45°，孔径大小为 0.5 cm。

6.1.4 风机通过主气管与两条曝气管连接，主气管通过一个四通接头与一条曝气管连接，主气管末端通过一个三通接头与另一条曝气管连接。

6.2 翻抛机

翻抛机为市购普通翻抛机（功率为 2.2 kW，行进速度≤ 1 m/min，翻抛转速 50 r/min），翻抛机架于发酵床两侧床体上，发酵床两侧床体上设置滑道，翻抛机可在发酵床上纵向前后移动。翻抛机的翻抛深度为 150 cm。

附 录 A
（资料性附录）
异位发酵堆积间示意图

A.1 异位发酵堆积间剖面图

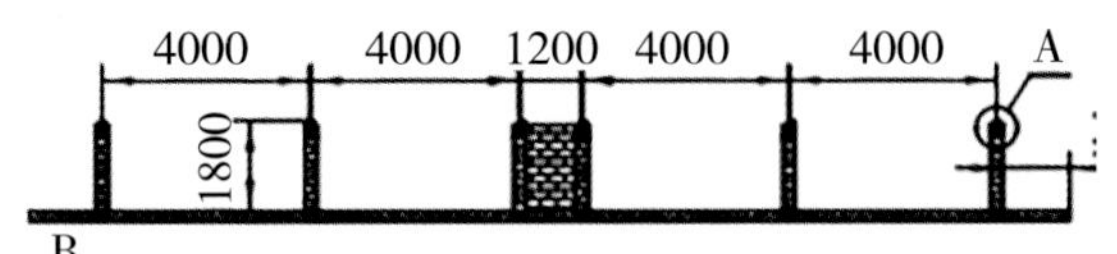

图F4.A.1 异位发酵堆积间剖面

A.2 异位发酵堆积间平面图

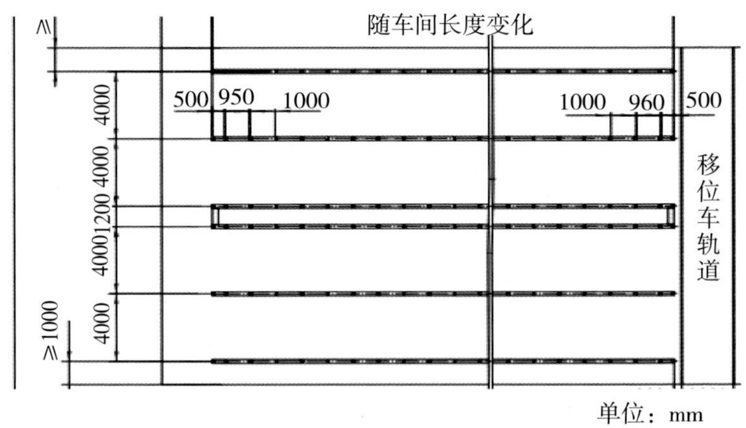

图F4.A.2 异位发酵堆积间平面

A.3 异位发酵堆积间效果图

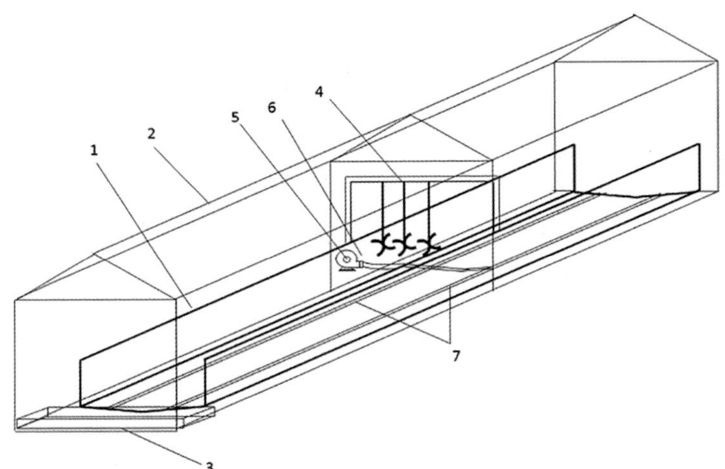

注：1. 发酵床；2. 大棚；3. 导流槽；4. 翻抛机；5. 风机；6. 主气管；7. 曝气管。

图F4.A.3 异位发酵堆积间

附录五　家禽粪污异位发酵床操作技术规范（DB36/T 1719—2022）

1　范围

本文件规定了家禽粪污异位发酵床操作技术规范的术语和定义、场地选择、操作技术、发酵熟料处置、日常管理与记录等要求。

本文件适用于家禽场粪污异位发酵处理。

2　规范性引用文件

下列文件对于本文件的应用是必不可少的。凡是注日期的引用文件，仅所注日期的版本适用于本文件。凡是不注日期的引用文件，其最新版本（包括所有的修改单）适用于本文件。

GB/T 26624　畜禽养殖污水贮存设施设计要求

GB/T 27622　畜禽粪便贮存设施设计要求

NY/T 1168　畜禽粪便无害化处理技术规范

农业部《畜禽规模养殖场粪污资源化利用设施建设规范（试行）》（2018）

3　术语和定义

下列术语和定义适用于本文件。

3.1　家禽粪污 poultry manure

家禽养殖过程中产生的粪尿和污水等混合物的总称。

3.2　好氧发酵 aerobic fermentation

好氧微生物对粪污进行分解和利用，以达到无害化处理的目的。好氧菌剂以芽孢杆菌、放线菌、酵母菌为主。

3.3　辅助曝气通风 aeration auxiliary ventilation

粪污处理过程中，定期对发酵床进行曝气通风，加快好氧发酵。

3.4　异位发酵床 ectopic fermentation bed

建设在养殖舍外，利用专用生物菌剂，集中发酵处理粪污的一种设施。

4　场地选择

按照 GB /T 27622、GB/T 26624 要求及农业部《畜禽规模养殖场粪污资源化利用设施建设规范（试行）》（2018）进行场地选择。

5　操作技术

5.1　发酵基料

根据当地资源情况，选择谷壳、锯末、秸秆、花生壳等作为发酵基料，控制碳氮比为 25 ：1。

5.2　发酵步骤

5.2.1　基料铺设。基料要翻抛均匀混合，初始铺设高度约为 160 cm，长期循环使用（不低于 80 cm）。

5.2.2　菌剂添加。按照基料总重量的 1% 添加好氧菌剂，即

1 kg 好氧菌剂发酵 1 m^3 基料。将好氧菌剂均匀喷洒到发酵基料上发酵 24 h，待用。

5.2.3　粪污添加。使用喷淋方式将家禽粪污均匀淋在发酵床上，根据粪污含水率控制喷淋量，发酵床含水量不得高于 65%。

5.3　具体操作

5.3.1　翻抛时间。发酵期内，3 d 为一个翻抛循环。第 1 d 喷淋粪污，第 2 d 机械翻抛，第 3 d 辅助曝气通风。

5.3.2　温度控制。发酵温度 60 ℃～ 70 ℃，发酵初期温度 40 ℃以下时，减少翻抛次数；发酵中期温度 70 ℃以上，增加翻抛次数；发酵后期温度 40 ℃以下时发酵结束。

5.3.3　湿度控制。发酵湿度 30% ～ 65 %，根据湿度高低，及时补充发酵基料或增加喷淋粪污量进行调节。

5.3.4　曝气通气量。风机曝气量：2.07 m^3/min ～ 6.04 m^3/min，升压：9.8 kPa ～ 78.4 kPa，电动机：2.2 kW ～ 11 kW，每次辅助曝气通风 1 h。

6　发酵熟料处置

发酵基料经过长期的自然发酵降解形成发酵熟料，符合 NY/T 1168 的卫生要求，可作为生物有机肥料的原料。

7　日常管理与记录

7.1　根据异位发酵床温、湿度变化，做好翻抛工作。

7.2　根据异位发酵床发酵程度，适当补充菌剂或基料。

7.3　做好相关记录，包括粪污处理量、堆积发酵日期、温度、湿度等，记录资料妥善保存至少两年。